KB154080

타임머신과
과학 좀 하는
로봇

〈일러두기〉

●이 책은 영국의 작가 허버트 조지 웰스가 1895년에 발표한 과학 소설 『타임머신』을 토대로 쓰여졌습니다. 원작의 줄거리를 유지하면서 '시간 여행은 가능한가', '미래 인류와 지구는 어떻게 진화할 것인가'라는 과학적 주제를 청소년의 눈높이에 맞춰 전개하기 위해 원작에는 없는 로봇을 주인공의 한 명으로 등장시켜 새로운 과학 소설을 완성하였습니다.

나무클래식 04 『타임머신』 곱씹어 읽기

타임머신과 과학 좀 하는 로봇

이한음 글 | 임익종 그림

나무를 심는 사람들

●머리말●

건방진 로봇과 함께 타임머신을 탄다면?

타임머신은 어디에 써먹을 수 있을까요?

시험을 치르고 난 뒤라면 몇 시간 전으로 되돌아가서 답을 볼 수도 있고, 몇 년이나 몇 십 년 뒤로 가서 내가 어떤 사람이 되었는지 알아볼 수도 있겠지요. 인생이 마음에 안 들면 이리저리 시간대를 돌아다니면서 원하는 대로 바꿀 수도 있을 겁니다. 사건 현장에 미리 가서 사람을 구하는 영웅이 될 수도 있고, 미래의 첨단 장치를 지금 발명할 수도 있겠죠.

타임머신이 등장하는 〈백 투 더 퓨처〉 같은 영화를 보면 누구나 떠올릴 법한 일들이 재미있게 펼쳐집니다. 주인공은 섣불리 과거를 바꾸었다가 오히려 큰 문제를 일으키기도 합니다. 미래를 내다보았다가, 그 미래가 이루어지도록 애써야 하는 상황에 처하는 주인공도 있고요.

허버트 조지 웰스는 『타임머신』을 구상할 때 이런 재미있는 생각을 안 했을까요? 타임머신이 나오는 소설을 처음으로 쓴 사람이니까, 얼마든지 기발한 상황을 떠올려서 재미있게 꾸며 낼 수 있었을 텐데 말이죠. 그런데 모든 타임머신 이야기의 원조인 이 책에는 그런 내용이 전혀 없습니다. 왜 그랬을까요?

웰스는 자신의 발명품인 타임머신을 개인적인 소망이나 욕구를 충족시

키는 장치로 쓸 생각이 전혀 없었던 모양입니다. 그는 타임머신을 훨씬 더 원대한 탐사에 이용하고자 했지요. 그에게 타임머신은 인류와 지구의 미래를 탐구하는 장치였습니다. 또 타임머신이 있다고 하면 으레 떠올릴 법한 십 년 뒤나 백 년 뒤의 미래에도 관심이 없었습니다. 그는 그런 짧은 미래를 훌쩍 뛰어넘어 무려 80만 년 후라는 먼 미래로 향했습니다.

웰스가 『타임머신』으로 당시 런던, 아니 영국의 상황을 비판했다는 사실은 널리 알려져 있습니다. 당시 영국은 전 세계에 식민지를 운영하면서 엄청난 부를 끌어모으고 있었지만, 빈부의 격차가 극심했습니다. 웰스는 영국의 상황이 고스란히 먼 미래까지 이어진다면 어떻게 될까 생각했겠죠. 그리고 그 고민은 인류가 땅속에 사는 종과 땅위에 사는 종으로 나뉠 수도 있지 않을까 하는 생각으로 이어집니다.

당시 상황을 비판하려는 의식이 강했기에, 지금 『타임머신』을 보면 허술한 부분이 보일 수도 있습니다. 인류의 발전을 추측한 장면이 한 예이지요. 하지만 그런 대목이야말로 우리가 새로운 관점에서 생각할 기회를 제공하기도 합니다. 웰스와는 다르게 상상해 봐도 되지 않을까요?

이 책이 나올 수 있었던 것은 바로 그런 대목들 덕분이었습니다. 웰스가 빼먹었거나 허술하게 다룬 내용이 저에게는 기회의 땅이었지요. 웰스가 빠뜨린 부분을 채워 넣기 위해 『타임머신과 과학 좀 하는 로봇』에서는 생각하는 로봇을 등장시켰습니다. 인간보다 똑똑해서 좀 건방져 보이긴 하지만, 로봇은 새로운 쪽으로 이야기를 이끌고 가는 역할을 합니다. 물론 여러분도 얼마든지 원하는 대로 이야기를 펼칠 수 있고 그런 상상을 자극하는 데 이 책이 도움이 되기를 바랍니다.

우리는 『타임머신』이 나온 지 100년이 더 지난 지금 이 책을 읽고 있습니다. 웰스가 책을 쓸 때보다 훨씬 더 많은 지식을 갖추고 있고 스마트폰 같은 놀라운 장치를 매일 접하면서 살고 있지요. 당연히 웰스보다 더욱더 다양한 방향으로 상상의 날개를 펼칠 수 있습니다. 미래나 과거로 가서 주인공보다 더 멋진 활약을 할 수도 있어요. 더 많이 알고 더 기발한 도구를 준비해서 갈 수 있을 테니까요. 마음껏 상상을 펼친 뒤, 웰스의 『타임머신』과 여러분이 상상한 이야기를 비교해 보세요. 당시의 한정된 지식을 토대로 웰스가 얼마나 멀리까지 상상을 펼쳤는지를 깨닫게 될 수도 있으니까요.

2015년 6월 이한음

차 례

프롤로그

"즉 학교에서 배우는 기하학이 잘못되었다는 거지요."

손님들은 식사를 한 뒤 따뜻하게 난롯불이 타오르는 방 안에서 휴식을 취하고 있었습니다. 의자까지 아주 편안해서 절로 졸음이 쏟아질 것 같았지요. 평소 같으면 유쾌한 잡담이나 진지한 정치 문제 같은 것이 화제로 떠올랐을 겁니다.

그런데 시간 여행자(이 이야기의 내용상 집주인을 그렇게 부르기로 하지요)가 꺼낸 이야기는 뭐랄까, 분위기와 좀 맞지 않는 듯했습니다. 배부르게 잘 먹고 따스운 난롯가에 맘 편히 앉아 있는데, 난해한 수학 이야기를 꺼내다니요. 하긴 그가 별난 행동을 한 것이 처음은 아니었습니

다. 그는 종잡을 수 없는 구석이 많았지요.

그래서 손님들도 그러려니 하는 기색이었습니다. 또 진지한 태도로 해박한 지식을 쏟아 내는 그를 감탄하는 표정으로 바라보기도 했고요.

"자, 들어 보면 금방 이해가 갈 겁니다. 알다시피 수학에서 말하는 선은 추상적인 개념입니다. 폭이 없는, 따라서 실제로는 존재하지 않는 선이죠. 평면도 마찬가지이지요. 두께가 없는 추상적인 개념입니다."

손님들은 고개를 끄덕였습니다. 수학 교과서에 으레 나오는 이야기니까요.

"또 가로, 세로, 높이만 가진 육면체도 실제로는 존재할 수 없어요."

"아니야. 육면체는 존재할 수 있지. 세상에 있는 모든 것은 삼차원 입체야. 추상적인 개념이 아니…"

듣고 있던 필비가 계속 말하려 하자, 시간 여행자는 말을 가로막았

습니다.

"우리가 삼차원 물체라고 말하는 것은 사실 또 하나의 차원이 있어야만 존재할 수 있어요. 바로 시간이지요. 우리는 공간의 세 차원과 시간이라는 차원을 따로 생각하는 경향이 있습니다. 실제로는 사차원 물체인데 말이지요."

손님들은 다시 고개를 끄덕였습니다.

"우리가 시간 차원을 따로 놓는 데에는 이유가 있어요. 시간이 한 방향으로만 움직인다고 생각하기 때문이지요."

그때 의사가 이의를 제기했습니다.

"하지만 단지 그렇게 생각하기 때문이라는 말은 맞지 않아요. 시간은 분명히 공간과 달라요. 우리는 공간 속을 앞뒤 좌우로 마음대로 움직일 수 있지만, 시간 속을 마음대로 움직이지는 못하잖아요?"

그러자 시간 여행자는 빙그레 웃으면서 고개를 저었습니다. 그제야 손님들은 시간 여행자가 어려운 수학 이야기를 꺼낸 이유가 무엇

인지를 알게 되었습니다. 그는 공간 속을 마음대로 오가듯이, 시간 속도 마음대로 오갈 수 있다고 주장하려는 거였습니다.

잠시 후 시간 여행자는 빛나는 금속과 상아, 투명한 수정 같은 물질로 이루어진, 매우 세밀하게 만들어진 작은 탁상 시계만한 장치를 내놓았습니다.

"시간 여행 장치, 타임머신입니다."

침묵이 흘렀습니다.

"만드는 데 2년이나 걸렸지요. 손 좀 빌릴까요?"

시간 여행자는 심리학자가 내민 손가락으로 레버를 밀게 했습니다. 한줄기 바람이 일더니 램프의 불꽃이 흔들렸습니다. 벽난로 위에 있는 촛불 하나가 바람에 꺼지더니, 장치가 갑자기 빙빙 돌기 시작했습니다. 회전 속도가 빨라지면서 장치가 유령처럼 흐릿해지고, 이윽고 사라졌습니다.

✲✲✲✲✲

"휴, 역시 사람들을 설득하는 일은 힘들어. 차라리 혼자 연구를 하는 편이 낫지."

손님들이 나를 쳐다볼 때의 모습이 떠올랐습니다. 표정들이 거의 다 똑같았지요. 이번에도 신기한 속임수를 쓰려고 하나 보다 하는 눈빛들이었어요. 타임머신 모형이 사라졌을 때에도 마찬가지였고요. 아마 내가 진지한 태도를 취하지 않았다면, 재미있는 마술을 보았다고 손뼉을 쳤을 거예요.

"마술을 보여드렸습니다." 하고 그냥 넘어가는 편이 더 나았을지도 모르겠습니다. 성급하게 설명하려고 한 것이 아닐까 하는 생각도 들었습니다. 시간 여행을 해서 증거를 가져와 보여 주면서 설명을 하는 편이 더 설득력이 있었을 텐데요. 아무래도 내가 좀 조급한 성격인 것은 분명했습니다. 발명품을 자랑하려는 마음도 있었겠지요.

그때였어요. 갑자기 앞에 있던 탁자가 부르르 떨리기 시작했습니다. 게다가 방도 창문도 닫혀 있는 실내에서 소용돌이가 이는 듯이

바람도 불었어요.

"지진인가?"

문득 그렇게 생각했다가 타임머신 모형이 사라질 때의 일이 떠올랐습니다.

"설마!"

탁자 위를 본 나는 깜짝 놀랐습니다. 희끄무레한 무언가가 흔들거리는 탁자 위에 보이기 시작했어요. 흐릿했던 형체는 점점 투명해지면서 제 모습을 드러내고 있었습니다.

"타임머신이잖아!"

시간 여행이 가능하다는 것을 보여 주기 위해 손님들 앞에서 미래로 보냈던 타임머신 모형이 다시 돌아오고 있었던 거예요. 마침내 모형이 온전히 모습을 드러냈고, 탁자의 흔들림이 멈추었습니다.

"이럴 수가! 설마 타임머신에 이상이 있는 걸까?"

그 순간 모형 안에서 무언가 불쑥 고개를 내밀었습니다.

"아, 고장 나지 않았어요. 살펴보았는데, 레버가 풀리면서 저절로 멈춘 거였어요."

나는 너무나 놀라서 몸을 움직일 수가 없었습니다. 정체 모를 물체가 타임머신에서 내려 내 앞으로 걸어왔습니다. 키가 한 뼘 정도인 인형이었어요. 금속과 뭔지 모를 반질거리는 재질로 만들어진 듯했습니다. 인형은 얼어 버린 내 모습을 보고 킥킥거리면서 말했습니다.

"그렇게 놀라실 필요는 없어요. 음, 19세기 말인 지금 수준에서는 좀 받아들이기 어렵겠지만, 그냥 말하는 인형이라고 생각하면 됩니다."

말을 할 때마다 인형의 눈이 빨갛게 반짝거렸습니다. 나는 놀란 가슴을 가라앉히면서 물었습니다.

"어떻게…."

"어떻게 알아서 말하고 움직이냐고요? 미래에서 왔으니까요."

"미래라고? 어느 시대를 말하는 거지?"

"그리 멀지 않아요. 한 130년쯤 뒤예요."

나는 용기를 내어 인형을 집어 들고 자세히 살펴보았어요. 하지만 매우 매끄럽고 정교하게 만들어졌다는 것 외에는 아무것도 알 수 없었습니다.

"그 시대에는 이런 인형이 흔한가?"

"그렇지 않아요. 저도 일종의 시제품이지요. 인공 지능 로봇인데, 아직은 비밀 연구 계획의 일부죠."

좀 더 살펴보고 싶었지만, 로봇이 싫어할 거라는 생각이 들었어요. 그래서 로봇을 내려놓으면서 물었습니다.

"어떻게 타임머신 모형을 얻었지?"

"말하자면 좀 복잡해요. 모형이 작고 가벼워서 시간 여행을 하면서 여기저기 돌아다녔더군요. 태풍에 휩쓸리기도 했고, 발에 차이기도 했어요. 레버가 살짝 눌려서 느린 속도로 시간 여행을 했기 때문에 주변 환경의 영향을 받은 거죠. 그러다가 회오리바람에 잠깐 말려 올

라갔다가 떨어진 곳이 공교롭게도 제가 있던 연구실이었어요. 바닥에 부딪히면서 레버가 풀린 거죠."

나는 머리가 좀 혼란스러워지는 것을 느꼈습니다.

"모형을 찾은 지역이 어딘데?"

"한국이지요."

"한국?"

"참, 지금은 대한제국 시대구나. 얼마 전까지는 조선이라고 했어요. 알아요?"

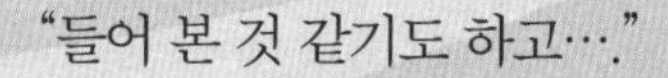

"들어 본 것 같기도 하고…."

"중국과 일본 사이에 있어요."

"거기까지 날아갔단 말이야? 그런데 어떻게 다시 여기로 돌아왔지?"

그러자 로봇은 좀 뻐기는 태도로 말했습니다.

"모형에 기록 장치가 없어서 고생 좀 했죠. 빅 데이터 분석을 꽤 했

어요. 기상, 인위적인 충격, 지구 자전 같은 자료들을 다 모았죠. 모형에 묻은 DNA도 분석해서 계보를 추적했고요. 그런 자료들을 종합해서 시공간 경로를 추정하니 가능한 경로가 수천억 개는 나오더군요. 그중에 가장 가능성이 높은 경로 수백만 개를 선택한 뒤에, 다시…"

"아, 알았어. 겨우 백여 년 뒤에 그런 일들이 가능하다 이거지. 흥미롭군. 그런데 왜 원래 출발점으로 돌아온 거지? 그냥 혼자서 시간 여행을 해도 되지 않았어?"

"사실은 꽤 했어요. 최대한 줄였어도 가능한 경로가 1만 개가 넘었거든요. 그래서 여기저기 좀 돌아다녔죠. 정확히 4,731번 만에 여기로 온 거예요. 이것이 모형임을 알았기 때문이지요. 모형이 있다면 사람이 타는 장치도 있다는 뜻인데 그것이 정말로 있는지, 그걸 만든 천재가 누구인지 알아보고 싶었어요. 사실 우리 시대에도 타임머신은 없거든요. 정말 놀라운 발명품이에요!"

로봇의 칭찬에 나는 우쭐해졌어요.

"그런 말을 해 준 사람, 아니 로봇은 처음이야. 방금 전에 손님들에게 설명했지만 아무도 믿지 않았거든. 친한 친구인 필비조차도 미심쩍어하는 표정이었지."

"그럴 수밖에요. 이건 시대를 한참 앞선 발명품이니까요. 아니, 미래에도 발명될 가능성이 거의 없을 거예요. 설령 발명된다고 해도 위험해서 쓰지 못할…."

로봇은 아차 싶었는지 말을 멈추었어요.

"그게 무슨 말이지? 위험하다니?"

내가 반문하자 로봇은 별것 아니라는 투로 얼버무렸습니다.

"시간 여행 자체가 위험이 따를 수밖에 없지요. 그런데 실물은 어디 있어요? 보고 싶은데요?"

나는 로봇을 실험실로 데려갔습니다. 커다란 타임머신이 방 한가운데 놓여 있었습니다.

"놀라워요. 정말로 있었네요. 잠깐 옆에 서세요. 네, 좋아요. 기념사

진을 찍어야죠, 동영상도 좀 찍고요."

로봇은 방 안을 돌아다니면서 타임머신과 나를 찍고 또 찍었어요.

"대단해요. 그런데 어느 시간대를 가 봤어요?"

"사실은 아직 아무 데도 가지 않았어. 얼마 전에 완성했거든. 지금 막 출발하려던 참이었지."

"와! 이런 놀라운 우연이! 첫 시공간 항해잖아요. 나도 같이 가요."

로봇은 폴짝 뛰어서 먼저 좌석에 올라탔습니다. 나는 쓴웃음을 지으면서 타임머신에 올랐습니다.

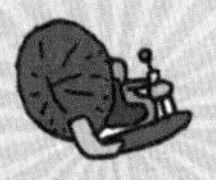

시간 여행을 시작하다

막상 의자에 앉아 타임머신을 움직이려니, 겁이 났습니다. 레버를 잡아당기는 순간 어떤 일이 일어날까 하는 불안감에 휩싸였지요. 총을 머리에 대고 자살하는 사람의 심정이 이럴까요? 나는 한 손으로 발진 레버, 다른 손으로 정지 레버를 살짝 움켜쥐었습니다. 시험 삼아 발진 레버를 살짝 밀었다가 곧바로 정지 레버를 밀었습니다.

잠깐이었는데도 머리가 어지러웠습니다. 마치 끝없이 추락하는 악몽을 꾼 듯했습니다. 둘러보니 원래 있던 실험실이었고, 아무 변화가 없는 듯했습니다. 혹시 내가 자기기만에 빠진 것이 아닐까 하는 생각이 불현듯 들었습니다. 시간 여행이 불가능한 데도 내 생각에 너무 몰두한 나머지 할 수 있다고 착각한 것은 아닐까요? 그때 문득 시계에 눈이 갔습니다. 놀랍게도 다섯 시간 반이 지나 있었습니다!

"망설이지 말자!"

심호흡을 한 뒤 이를 악물고 양손으로 발진 레버를 움켜쥐었습니다. 그리고 힘차게 밀었습니다.

주위가 흐릿해지더니 어두워졌습니다. 가정부인 워칫 부인이 안으로 들어와 정원 문 쪽으로 걸어가는 모습이 보였습니다. 방 안을 지나가는 데 원래는 1분쯤 걸렸겠지만, 내 눈에는 쏜살같이 지나가는 걸로 보였습니다. 부인은 나를 보지 못하는 듯했습니다.

레버를 끝까지 밀었습니다. 순식간에 밤이 왔다가 낮이 찾아왔습니다. 주변이 흐릿해지기 시작했고요. 밤과 낮이 점점 빠르게 바뀌면서 귓속이 웅얼거리는 소리로 가득 찼습니다.

어지러운 느낌을 넘어서 이제 무시무시하고 아찔한 기분이 들기 시작했습니다. 꼬불꼬불한 산악 철도에서 곤두박질치는 열차를 타고 있는 것 같기도 했어요. 금방이라도 무언가에 부딪힐 것 같은 불쾌하면서 끔찍한 예감이 들었지요. 밤이 마치 검은 날개를 퍼덕이듯이 지나갔고, 태양이 1분마다 하늘을 가로질렀습니다.

실험실이 무너졌나 봅니다. 나는 어느새 밖으로 나와 있었습니다. 초승달이 금방 보름달로 변했다가 다시 이지러졌어요. 속도가 더 올라가면서 이윽고 낮과 밤의 구분도 사라져서 하늘이 온통 회색을 띠었습니다. 태양은 하늘에 눈부신 불의 아치를 그리면서 쏜살같이 지나가곤 했어요. 그리스 신화의 아폴론이 몬다는 불의 마차 같았지요.

나무들이 갈색이었다가 녹색으로 변하고 가지를 뻗다가 사라져 갔습니다. 거대한 건물이 솟았다가 사라졌고, 눈이 쌓였다가 녹았습니다. 시간은 빠르게 흐르고 있었습니다. 어느새 1분마다 1년이 흘러가고 있었지요.

시간이 흐르면서 불쾌하고 두렵고 혼란스러웠던 마음이 점점 안정을 찾아갔습니다. 그러자 너무 정신이 없어서 멈출 생각을 하지 못하고 있었다는 사실을 깨달았습니다. 지금 멈춰 볼까? 두려운 마음은 여전했지만, 한편으로 호기심이 솟구쳤습니다.

이 시대의 문명은 얼마나 발전했을까요? 인류는 어떻게 변했을까요? 전염병은 정복했을까요? 질병과 굶주림은 사라졌을까요? 수명은 얼마나 늘어났을까요? 생김새는 또 어떻게 달라졌을까요? 폭력성, 거짓말, 조급함, 차별처럼 안 좋은 인간 본성은 없어졌을까요? 환경은 얼마나 깨끗해졌을까요?

또 미래의 사람들은 나를 어떻게 대할까요? 불가능해 보이는 긴 시간을 여행하여 찾아온 손님으로 대접할까요? 아니면 우리가 유인원을 대하듯이, 인류의 진화라는 길을 까마득히 뒤처져서 걷고 있는 덜 떨어진 사촌쯤으로 여길까요? 혹시 동물원의 동물처럼 신기한 구경거리로 삼지는 않을까요?

갑자기 떠나기 전에 동료들과 나누었던 대화가 생각났습니다. 의사가 말했지요.

"사람들의 시선을 끌 것이라는 생각은 안 해요?"

그럴지도 모르지요. 아무 준비 없이 무모하게 무작정 출발한 것은 아닐까요? 저녁 식사 자리에 참석했던 앳된 젊은이의 말처럼 전 재산을 복리 이자가 붙는 은행에 예금을 한 뒤에 출발하는 편이 나았을 수도 있었을 텐데요. 아니면 장래가 엿보이는 어느 기업에 투자를 해 두었거나요.

"아니야."

나는 속으로 그렇게 말하면서, 고개를 저었습니다. 그들은 시간 여행이 가능할 것이라고 믿지 않았지요. 타임머신 실물을 직접 보여 주었는데도, 친한 필비조차 못 믿겠다는 얼굴이었어요. 그들이 조금이라도 믿었다면, 내가 시간을 탐험할 예정이라고 했을 때, 증거가 될 만한 것을 가져오라고 말하지 않았겠어요? 설령 농담으로라도요.

물론 어느 정도는 내가 자초한 일이기도 했습니다. 생각해 보니 작년 크리스마스 때 유령을 등장시키는 속임수를 쓴 적이 있더군요. 타임머신 모형을 작동해 보인 것은 그때의 속임수와 달랐지만, 그들은 내가 또다시 속임수를 썼다고 생각했을지도 모르지요.

그들이 그렇게 생각하는 것도 무리는 아닐 겁니다. 나도 그들이 나를 어떤 사람으로 보는지 짐작하고 있어요. 명석하기 그지없지만 결코 진면목을 보이지 않는 사람, 진지한 태도로 장난을 치곤 하는 사람, 따라서 믿을 수 없는 사람이라고 여기고 있겠지요. 솔직한 태도로 대하고 있음에도, 왠지 불가사의한 비밀이나 비범한 재능을 숨기고 있는 것 같은 인상을 주는 사람, 남이 생각조차 못하는 일을 눈여겨

볼 뿐 아니라 수월하게 해내기까지 하는 인물이라고 생각할지도 모릅니다.

내가 좀 덜 명석했거나 그저 평범한 사람보다 조금 더 뛰어난 수준이었다면? 그러면 타임머신을 처음 구상하여 만들어 내기까지 꽤 오랜 시간이 걸렸을 것이고, 그 과정을 지켜보면서 동료들도 나를 신뢰하게 되었을텐데….

생각에 잠겨 있는 사이에 우리 시대에는 결코 보지 못했던 거대하고 화려한 건축물들이 솟아오르기 시작했어요. 흐릿하게 빛나면서도 안개가 서린 게 신기한 재료로 지은 듯했지요. 흐릿한 상태에서 판단한 것이긴 하지만, 환경도 꽤 깨끗해 보였습니다.

한번 멈춰 볼까?

나는 멈출 때 어떤 일이 벌어질지 생각했어요. 타임머신이 멈추는 자리에 어떤 물체가 있다면? 빠르게 시간 여행을 하고 있을 때, 나는 흐릿한 유령이나 다름없어요. 증기처럼 희박해져서 물질 틈새로 그냥 빠져나갈 뿐이지요. 폭이 없는 선이나 두께가 없는 평면과 마찬가지로 시간 차원이 없는 삼차원 물체도 실제로는 존재하지 않는 추상적인 개념에 불과하니까요. 시간 속을 쏜살같이 빠르게 질주하는 나와 타임머신은 시간 차원이 없는 육면체나 다름없었어요. 다른 물체들이 존재하는 시간을 순식간에 스쳐 지나갈 뿐이니까요.

하지만 멈추는 순간 타임머신은 실제로 존재하는 물체가 되겠지요. 그때 그 자리에 무언가가 있다면 어떻게 될까요? 내 몸의 원자들은 그 물체의 원자들과 겹쳐지면서 끼워지겠지요. 그러면 강력한 화학 반응이 일어날 것이고, 심하면 폭발도 일어날 수 있어요. 나 자신과 타임머신이 모든 차원으로 흩어져 버릴 수도 있지요.

물론 처음 타임머신을 구상할 때 그런 생각을 안 한 것은 아니었어요. 하지만 그때는 모험을 하려면 그 정도 위험이야 감수해야지 하고 생각했지요. 그런데 막상 위험이 눈앞에 닥치니 주저하는 마음이 들었습니다.

멈추지 마! 굳이 위험을 무릅쓸 필요는 없어!

나는 멈춰서는 안 된다고 계속 스스로에게 말했습니다. 그러다가 갑자기 오기가 치밀었습니다.

겁쟁이 같으니라고. 뭘 머뭇거리는 거야?

나는 정지 레버를 움켜쥐고 확 밀었습니다. 그러자 갑자기 타임머신이 빙빙 돌기 시작했습니다. 나는 미처 대비할 새도 없이 총알처럼 공중으로 휙 튀어 나갔습니다.

할아버지 역설과 늑대 섞인 인간

잠시 정신을 잃었나 봅니다. 정신을 차리니 어디선가 천둥치는 소리가 들려왔습니다. 눈을 뜨니 매서운 우박이 떨어지고 있었습니다.

타임머신은?

몸을 제대로 가눌 수 없었지만, 나는 황급히 타임머신부터 찾았습니다. 타임머신은 옆으로 쓰러진 채 잔디밭에 처박혀 있었습니다. 망가진 것은 아닐까 걱정되었지만, 그래도 눈앞에 있으니 다행이었습니다.

내가 쓰러져 있던 곳은 잔디밭이었습니다. 철쭉 같은 덤불이 그 주위를 에워싸고 있었지요. 여러 색깔의 꽃들이 우박에 맞아 떨어지고 있었습니다. 내 몸은 흠뻑 젖어 있었고요. 엉망진창인 상태에서 나는 중얼거렸습니다.

“손님 대접이 너무 좋은 걸?”

“정신 차려요! 뭘 멍하니 맞고 있어요?”

시간 여행은 어떤 문제가 있을까?

돌아보니 로봇이 거대한 석상 아래에서 우박을 피하고 있었습니다. 다행히 우박은 약해지고 있었어요. 나는 억지로 몸을 일으켰습니다. 충격이 아직 덜 가셔서 몸이 부들부들 떨렸습니다. 석상을 올려다보니, 하얀 대리석으로 조각했더군요. 날개를 펼친 스핑크스 같았습니다.

"정말 무모하네요. 그렇게 갑자기 멈추면 어떡해요?"

나는 로봇의 말을 무시하고 쓰러진 타임머신으로 가서 바로 세우려 애썼습니다. 왠지 불안했거든요.

"큰일 날 뻔했다고요!"

"안 죽었으니 됐잖아!"

로봇은 고개를 절레절레 저으면서 말했습니다.

"흠, 성격부터 파악했어야 하는데, 무모하고 충동적이고 감정적인 성향이 강하군요. 다급할 때는 이성적인 판단을 내리지 못하고요."

타임머신을 아무 곳에나 갑자기 세우다니?
여기 늑대가 있었다고 하면…

"뭐가 어째?"

로봇은 내가 눈을 부릅떠도 꿈쩍 하지 않았습니다. 나는 잠시 숨을 돌렸습니다. 하늘이 개면서 번쩍번쩍 빛나는 거대한 건물들이 눈에 들어왔습니다. 불안한 마음이 더 강해졌습니다. 심하게 겁도 났지요.

"개인의 목숨을 말한 것이 아니에요. 하마터면 물질끼리 겹쳤을 수도 있다는 이야기를 한 거예요."

"뭐? 무슨 말이야?"

표정이 있을 리 없지만, 내가 모른다는 것을 깨닫자 로봇의 얼굴에는 자부심이 어리는 듯했어요.

"그러니까 말이죠. 타임머신을 세웠을 때, 이곳에 커다란 나무나 바위 아니면 사람이 있었다고 생각해 봐요."

나는 갑자기 할 말을 잃었습니다. 그 생각을 하긴 했지만, 에라 모르겠다 하는 심정으로 멈추었다고 실토할 수는 없었으니까요.

“아무것도 없는 곳에 잘 세웠잖아.”

온몸이 아파서 인상을 찡그리며 별일 아니라는 투로 답하자 로봇은 더 투덜거렸어요.

“자칫하면 폭발할 수도 있었다고요!”

나도 더 이상 참지 못하고 소리쳤습니다.

“알아! 나도 생각했다고! 원자들이 겹치면서 화학 반응이 일어날 수 있겠지. 그 정도야 예상했다고.”

“흠. 그렇다면 괴물이 될 수 있다는 생각은 안 해 보셨어요?”

“응? 무슨 뜻이야?”

“여기에 늑대가 한 마리 있었다고 해 봐요. 그러면 선생님의 몸과 늑대의 몸을 이루는 원자들이 서로 겹쳐졌겠지요. 폭발이 일어나지 않았다면, 원자들이 서로를 밀어내면서 자리를 잡아….”

“내 몸이 늑대의 몸과 하나가 되었을 거라고?”

원자들이 겹쳐져 폭발하든지
아니면 서로 밀어내면서 자리를 잡아서…

나는 그 모습을 떠올리지 않으려고 애썼어요. 로봇은 개의치 않더군요.

"거기에 타임머신까지 하나로 융합되었을지도 모르지요. 그러면 기계 섞인 인간, 아니 기계와 늑대가 섞인 인간이라고 불러야 할까요?"

아무래도 이 로봇이 내게 충격 요법을 쓰는 모양입니다. 왜 아이에게 나쁜 행동을 하지 말라고 가르칠 때 종종 그러잖아요? 아니면 초조해하는 내게 여유를 좀 가지라고 농담을 한 것일까요?

나는 피식 웃었습니다. 그러자 불안감이 가시면서 기운이 나는 듯했습니다. 다시 타임머신을 세울 준비를 하면서 나도 한 마디 했습니다.

"늑대 섞인 로봇은 어때?"

"좋네요. 위기 상황에서 하는 농담은 여유를 회복하고 있다는 표시

지요. 뭐, 저로서는 늑대 부위가 하반신이라면 별 불만은 없을 거예요."

나는 이를 악물고 다시 한번 온 힘을 다해 타임머신을 들었습니다. 다행히 타임머신이 쿵 하면서 바로 놓였습니다. 그 와중에 턱을 세게 부딪치긴 했지만요.

"아야, 아파라!"

로봇이 딱하다는 듯이 쳐다보았습니다. 나는 인상을 쓰면서 로봇에게 말했습니다.

"어쨌든 그런 일은 일어나지 않았잖아?"

"음…, 이런저런 자료를 모아 시뮬레이션을 했는데요. 아무래도 타임머신이 고속으로 빠르게 돌면서 이곳에 진공 상태를 만든 것 같아요. 뭔가 있었다고 해도 날아가 버린 거죠."

"그것 참 다행이네. 모험에는 본래 그런 행운이 따르기 마련이지.

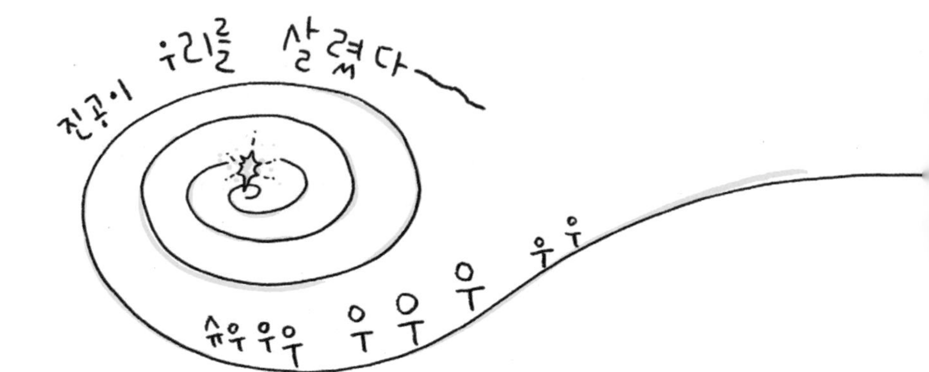

그런데 그런 일들이 정말로 일어난다는 거야?"

그러자 로봇은 좀 얼버무리는 투로 말했습니다.

"아니죠. 물론 이론일 뿐이에요. 지금까지 아무도 시간 여행을 해 본 적이 없으니까요. 이런 이론은 여럿 나와 있지요."

"쯧쯧, 이론만 가지고 큰소리쳤어? 위험하다고 말하는 이론만 생각하다가는 모험이라는 것을 아예 할 수가 없다고."

물론 나도 출발하기 전에 그런 이론 중 하나를 곱씹으면서 머뭇거리긴 했지만요. 굳이 로봇에게 그런 사실을 말할 필요는 없지 않겠어요?

나는 헐떡이면서 레버를 손에 쥐었습니다. 계속 불안해서 언제든 떠날 준비를 하고 있는 편이 안심이 되었으니까요. 계기판을 보니 서기 802,701년이었습니다.

"너무 멀리 왔나 봐. 너도 이 시대는 알지 못하겠지?"

로봇은 고개를 끄덕였어요.

"짐작할 수도 없는 미래네요."

그 말을 들으니 더욱 불안감이 솟구쳤습니다. 그나마 타임머신을 바로 세울 수 있어서 다행이었지만요. 언제든 떠날 수 있다고 생각하니 좀 안심이 된 거지요. 나는 긴장을 풀기 위해 로봇에게 말을 걸었습니다.

"처음에 말한 시간 여행의 위험이 바로 그거였어? 꽝 하고 폭발하는 거?"

"아, 그건 아니에요. 사실 과거로 갔을 때 생길 수 있는 문제였는데, 미래로 왔으니 다행이에요."

"과거로 가면 어떤 문제가 생기는데?"

"우리는 그걸 할아버지 역설이라고 해요. 선생님이 타임머신을 타고 과거로 갔는데, 어떤 아이가 타임머신에 부딪혀 죽었다고 해 봐요.

과거로 가면 '할아버지 역설'이라는
문제가 생겨요. 작은 행동 하나가
역사를 바꿀 수도 있어요.

그런데 그 아이가 선생님의 할아버지였다면 어떻게 될까요?"

"그러면 우리 아버지가 태어나지 못했을 테고, 따라서 나도 태어나지 못했겠지. 가만, 그런데 어떻게 내가 아이를 죽일 수 있다는 거지? 나는 아예 태어나지도 않았잖아. 태어나지도 않은 사람이 과거로 가서 사람을 죽일 수는 없어. 따지고 들어가니 더 심각해지는걸."

머릿속에서 생각이 꼬리에 꼬리를 물고 이어졌습니다.

"굳이 할아버지를 직접 친다고 가정할 필요도 없네. 내가 과거로 가서 길에 있는 돌멩이를 하나 툭 찼는데, 그 돌멩이가 지나가던 광견병 걸린 개에게 맞고, 그 개가 옆에 있던 가게 주인을 물고, 가게 주인이 그 때문에 사과를 땅에 떨어뜨리고, 아이인 내 할아버지가 사과를 밟고 길에 쓰러지는 순간, 마차가 지나가다가 친다고 가정해도 되잖아? 그렇게 따지면 과거로 가서 어떤 사소한 행동 하나만 해도 그 여파가 내 조상에게, 아니 지구의 모든 사람, 더 나아가 모든 생물, 아

니 지구 자체에 미칠 수 있다는 의미가 되는군."

"바로 그거예요. 과거로 시간 여행을 하면 그런 역설이 생길 수 있다는 거죠."

"흥미로운 문제네. 그 역설을 해결할 방법이 있을까?"

"우리 시대의 연구자들은 몇 가지 이론을 내놓긴 했어요. 그중 하나는 평행 우주 이론이에요."

"평행 우주?"

"우주가 하나가 아니라는 거죠. 이를테면 할아버지가 죽는 시점에 우주는 갈라져요. 할아버지가 죽은 우주와 할아버지가 살아 있는 우주로 갈라지는 거죠. 선생님은 할아버지가 살아 있는 우주 쪽에 사는 거고, 다른 우주에는 선생님이 없는 거죠. 물론 선생님이 과거로 돌아가지 않은 우주도 있고요."

"사건이 생길 때마다 우주가 갈라진다는 거네? 그럼 우주가 무한

할아버지 역설의 해결책이요?
평행 우주 이론과 빅뱅 이론이 있어요.

히 많아진다는 거군. 그것도 흥미롭군. 하지만 우주가 너무 많아지는 거 아냐? 그 많은 우주가 들어갈 공간이 어디 있겠어?"

로봇은 다시금 뻐기는 듯한 태도로 말하기 시작했어요.

"선생님이 살던 시대에서 20년쯤 뒤에 빅뱅(big bang) 이론이 나와요. 이후 수십 년 동안 논쟁거리가 되다가 인정을 받는 이론이지요."

"빅뱅? 왕창 뻥 터진다는 이론이라고?"

"맞아요. 반대하는 과학자가 조롱하기 위해 붙인 이름이 그대로 굳은 거예요. 빅뱅 이론은 우주가 약 138억 년 전에 한 점에서 뻥 터져서 팽창했다고 말해요. 급속히 팽창하면서 그 안에서 은하와 항성, 행성 같은 것들이 만들어진 거죠. 지금도 팽창하고 있고요. 그리고 빅뱅 이전에는 시간도 공간도 없었대요. 빅뱅으로 우주가 팽창하면서 시간도 공간도 생겨난 거죠. 그러니까 우주가 들어갈 공간 따위는 걱정할 필요가 없어요. 우주 자체가 공간이니까요."

“그게 무슨 말이야? 우주가 풍선이나 거품이야? 불쑥불쑥 생겨나서 부풀어 오르게?”

“우와! 대단하세요. 하긴 타임머신을 발명할 만큼 천재니까 놀랄 일도 아니죠. 우리 시대의 과학자들도 우주의 원리를 풍선이나 거품에 비유해요.”

로봇의 말에 좀 우쭐한 기분이 들긴 했지만, 그래도 물을 건 물어야 했지요.

“그러니까 거품이 커질 공간이 어디 있냐고?”

“거품 자체가 공간이라니까요!”

“으, 다시 말하지. 우주 바깥에 뭐가 있냐고?”

내가 짜증스럽게 소리를 지르자, 로봇도 따라서 목소리를 높였어요.

“으, 우주에는 바깥이라는 게 없다니까요!”

그러더니 로봇은 지쳤다는 듯이 투덜거렸어요.

블랙홀과 화이트홀을 연결하는

“나도 더 이상은 잘 모르니까, 나중에 우리 시대로 가서 뛰어난 물리학자에게 물어보세요. 스티븐 호킹 박사에게 물어보면 되겠네요. 같은 영국에 사니까요.”

“갑자기 너무 많은 새로운 지식이 밀려드니 머리가 복잡해지네. 빅뱅이라는 것도 그렇지. 아니, 대체 그런 헛소리를 누가 한 거야? 우주가 한 점이었다고? 말도 안 돼!”

“물론 이해하기 어렵지요. 그걸 제대로 이해하려면 상대성 이론과 양자 역학의 기초도 알아야 하니까요.”

“그만! 안 들어도 알겠어. 어쨌거나 너희 시대의 과학자들은 시간 여행이 불가능하다고 생각하는 쪽이라는 거잖아. 우주가 한없이 불어난다는 말도 안 되는 주장까지 하면서 말이야.”

내가 손사래를 치자, 로봇은 내 말의 의미를 곧바로 알아차렸어요.

“맞아요. 타임머신을 만든 사람의 입장에서는 논쟁 자체가 같잖게

웜홀을 통과하면 시간 여행이 가능하다!

보이겠죠. 하지만 미래에도 시간 여행이 가능하다고 본 과학자들이 있어요. 거의 불가능할 만치 어려운 조건이 따라붙긴 하지만요. 바로 블랙홀(black hole)과 화이트홀(white hole)을 연결하는 웜홀(worm hole)을 통과하는 건데요."

"뭐? 검은 구멍, 하얀 구멍, 벌레 구멍? 너 지금 날 놀리는 거지?"

"어, 그게 아니라요. 실제로 있는 이론들인데…."

로봇과 티격태격하고 있자니, 어느덧 불안하던 마음이 가시고, 호기심이 다시 솟구치기 시작했어요.

"타임머신에 타. 말로 할 필요 없이 그냥 과거로 가 보자. 어떤 사건을 일으킨 다음에 돌아와서 결과를 비교해 보면 알 수 있겠지."

그때 눈앞에 무언가가 보였습니다. 가장 가까이 있는 집의 벽에 높이 난 원형 창에 사람들이 보였습니다. 여태껏 나를 지켜보고 있었던 듯했습니다.

서기 802,701년

저편에서 사람들의 목소리가 들렸습니다. 이쪽으로 다가오는 모양입니다. 흰 스핑크스 옆 덤불 사이로 사람들이 달려오고 있었습니다. 그중 한 명이 눈앞에 나타났습니다.

불안하고 두려운 마음을 꾹 누르고 있던 나는 그 사람을 보는 순간 좀 얼떨떨했습니다. 의외로 키가 작았거든요. 120센티미터나 될까요? 자주색의 긴 옷에 가죽 허리띠를 두르고 무릎 아래는 맨살이었지요. 어처구니없게도 나는 그제야 날씨가 따뜻하다는 것을 알아차렸습니다.

자세히 보니 그는 매우 우아했습니다. 하지만 왠지 허약해 보였습니다. 그를 찬찬히 보고 있자니 갑자기 자신감이 생겼습니다. 나는 그때까지도 꽉 움켜쥐고 있던 타임머신에서 슬쩍 손을 떼었습니다.

내가 훨씬 더 크고 험상궂게 생겼을 텐데도 그는 나를 전혀 두려워하지 않는 듯했습니다. 곧바로 내게 오더니 나와 눈을 마주치며 씩

웃더군요.

뒤이어 다른 사람들이 도착했어요. 나는 더욱더 어리둥절했습니다. 그들은 똑같이 작고 아름다운 모습이었습니다. 게다가 그들의 입에서 나오는 낯선 언어는 매우 감미롭게 들렸습니다. 그에 비해 내 목소리는 너무나 굵고 탁했어요. 한 명이 머뭇거리더니 내 손을 만졌어요. 부드럽고 작은 손이었지요. 이어서 다른 이들도 내 몸을 만져 보기 시작했어요. 꼭 내가 진짜로 있는지 확인하려는 것 같았습니다.

나는 예상하지 못한 이 난처한 상황에 어떻게 대처해야 할지 알 수 없어서 그냥 서 있기만 했습니다. 다행히 경계할 만한 구석은 전혀 없어 보였어요. 친절하면서 어린아이처럼 평화로운 느낌을 받았을 뿐이었지요.

물론 그들이 나보다 작고 약해 보이기 때문이기도 했어요. 그들이 나를 위협한다면, 볼링공 하나로 열 명쯤은 날려 버릴 수도 있을 것 같았습니다.

"그건 안 돼! 만지지 마!"

어느새 그들은 타임머신에도 손을 대고 있었습니다. 가슴이 철렁했지요. 나는 황급히 그들에게 만지지 말라는 몸짓을 하면서, 작은 레버들을 풀어서 주머니에 넣었습니다.

"휴!"

하마터면 타임머신을 잃을 뻔했다고 생각하니 아찔해졌습니다. 평화로운 상황에서도 위험이 찾아올 수 있다는 점을 알아차렸어야 했는데 말이지요.

한숨 돌리고 나서 그들을 자세히 살펴보니 몇 가지 특징이 눈에 띄었습니다. 그들은 하나같이 머리카락이 곱슬곱슬했고, 얼굴에는 솜털 하나 없었어요. 귀도 입도 작았고 입술이 무척 얇았지요. 턱은 뾰족했고요. 눈은 크고 순해 보였어요. 한마디로 어린아이 같은 모습이었어요. 하지만 다 자란 상태라는 것은 분명했습니다.

좀 더 지켜보고 있자니, 뭔가 이상했습니다. 처음 만났으니 말은 통하지 않더라도 손짓을 하든 몸짓을 하든 표정을 짓든 간에 나와 의사소통을 시도하는 것이 정상이 아니겠어요? 하지만 이들은 그렇지 않았습니다. 처음에 호기심을 갖고 나를 만져 보고 떠들어 대던 것과 달리 왠지 내게 흥미를 잃은 듯이 보였습니다.

내가 그렇게 존재감이 없단 말인가?

자존심도 상하고 허탈하기도 했습니다. 무려 80만 년이나 먼 과거에서 찾아온 손님인데 말이지요. 도착할 때 꼴사납게 너부러지기까지 했는데, 이런 대접을 받다니요. 그들은 나와 대화를 할 생각이 전혀 없어 보였습니다. 꾸어다 놓은 보릿자루 신세라고나 할까요? 그저 내 주위에 서서 자기들끼리 웃고 이야기할 뿐이었습니다.

그들이 모여 노는 장소에 멋쩍게 석상처럼 마냥 서 있으려니 점점 어색해졌습니다. 결국 내가 먼저 나서기로 했지요. 말이 다르니 손짓과 몸짓으로 의사소통을 할 수밖에 없었어요.

"저건 타임머신이고, 내가 타고 왔어."

나는 먼저 타임머신을 가리킨 뒤에 나 자신을 가리켰어요. 거기까진 괜찮았는데 시간 여행을 했다는 것을 어떻게 표현해야 할지 모르겠더군요. 나는 잠시 고민하다가 태양을 가리켰어요. 해가 떴다가 지고 하면서 시간이 흐른다는 점을 염두에 두고 한 행동이었어요. 그런데 한 명이 내 행동을 그대로 따라하더군요. 그러더니 천둥소리를 흉내 냈어요. 그 순간 나는 멍해졌습니다.

얘들 혹시 바보 아니야?

그 말이 머릿속에 저절로 떠올랐습니다. 그러면서 실망감이 왈칵 밀려들었어요. 누군들 안 그렇겠어요? 무려 80만 년을 뛰어넘어 왔잖아요? 그렇게 기나긴 세월이 흘렀으니 인류가 엄청난 문명을 이루었겠지 하고 기대하는 것이 당연하지 않겠어요? 지식이든 예술이든 모든 면에서 우리보다 훨씬 앞서서 고도로 발전해 있을 것이라고요.

그런데 그 시대에 사는 이들이 겨우 다섯 살짜리 아이나 할 법한 질문을 하다니요! 그는 나보고 천둥이 치고 우박이 내릴 때 태양에서 왔냐고 물었던 거예요!

솔직히 말하면, 어느 정도 짐작은 하고 있었어요. 아이처럼 작고 허약한 몸에 별 특색 없이 비슷비슷한 옷차림을 한 이들을 지켜보면서 언뜻언뜻 떠올리기는 했어요. 이들이 그리 뛰어난 존재가 아닐지도 모르겠다고요. 사실 어린아이 같은 모습을 보면서 뛰어난 지성을 갖춘 존재라고 생각하긴 어렵겠지요. 적어도 내가 살던 시대의 기준으로 볼 때는요.

하지만 나는 애써 그런 생각을 떨치려 노력했어요. 시대가 다르니까요. 이 시대의 인류는 작고 허약한 몸에 고도의 지성을 갖추는 쪽으로 진화했을 수도 있지 않겠어요? 그런데 애써 외면했던 그 진실을 인정할 수밖에 없는 상황이 벌어지고 만 겁니다. 저절로 한숨이 나왔지만, 그렇다고 계속 실망한 채 있을 수는 없었습니다.

에라, 모르겠다.

나는 태양을 가리키면서 천둥소리를 냈습니다. 그러자 그들은 깜짝 놀라면서 뒤로 한 발짝 물러나서 머리를 조아리더군요. 그 순간이 모든 상황이 우스꽝스럽게 느껴졌습니다. 어쩌면 내가 미래 세계에서는 심각하고 진지한 상황만을 접할 것이라고 생각했는지도 모르지요.

그때 누군가가 아름다운 꽃을 엮은 화환을 들고 와 내 목에 걸어주었습니다. 그들은 신나게 박수를 치더니 좋은 생각이라고 여긴 양 사방에서 꽃을 꺾어서 내게 마구 던졌습니다. 가만히 있다가는 꽃에 묻힐 것 같다는 생각도 들었습니다.

나는 꽃을 유심히 살펴보았어요. 처음 보는 종류였지요. 감탄이 절로 나올 만큼 아름다웠습니다. 자연적으로 자라는 꽃이 아니라 무수

한 세월에 걸쳐 교배를 한 끝에 나온 꽃이 분명했어요. 이것을 보니 이들의 조상은 고도로 발달한 놀라운 문명을 건설한 것이 아닐까 하는 생각이 들었습니다. 그런데 왜?

그때 그들이 나를 잡아끌었습니다. 또 다른 재미있는 생각이 떠오른 모양이었습니다. 그들은 나를 번개무늬 장식이 있는 거대한 회색 건물로 데려갔어요. 건물도 입구도 너무나 거대하더군요. 사람들이 점점 더 모여들었습니다.

입구에서 건물 앞을 돌아보니 아름다운 덤불과 꽃이 뒤엉켜 있는 것이 원래는 정원이었던 듯했어요. 그런데 놀라운 점이 있었어요. 오랫동안 방치되어 있었을 것이 분명한데도 잡초가 전혀 없었습니다. 덤불 사이사이에는 지름이 30센티미터쯤 되는 커다란 꽃들도 보였습니다. 식물이란 본래 햇빛과 양분을 찾아 빈 곳으로 비집고 들어가기 마련인데 잡초를 없애고 식물의 속성까지 바꾼 것은 아닐까요? 한때 그만큼 인류 문명이 발전했던 것은 아닐까 하는 생각이 다시금 들었습니다.

건물 입구는 화려하게 조각되어 있었지만, 비바람에 씻기고 부서져 나가고 있는 모습이었습니다. 나는 낭랑한 목소리로 아이처럼 웃고 떠들어 대는 소인들에게 둘러싸여서 안으로 들어갔지요.

거대한 홀이 보였는데 조명이 없어서 좀 어두웠습니다. 색유리가 끼워져 있거나 유리가 빠진 창문들을 통해 약하게 빛이 들어오고 있었습니다. 바닥에는 커다란 금속판들이 깔려 있었어요. 많이 디디고 다녀서 깊이 파인 곳도 많았습니다.

둘러보니 곳곳에 높이가 30센티미터쯤 되는 긴 탁자들이 있었고, 그 위에 과일들이 산더미처럼 쌓여 있었습니다. 나무딸기나 오렌지가 커진 것 같은 과일도 있었지만, 대부분은 처음 보는 것들이었어요. 이들, 아니 이들의 조상들은 건축뿐 아니라 농업 면에서도 엄청난 발전을 이루었던 것이 분명했습니다.

소인들은 방석에 앉으면서 나보고도 앉으라는 시늉을 했습니다. 식사 예절 따위는 없더군요. 그들은 손으로 과일을 먹기 시작했어요. 껍질과 줄기 같은 것들은 탁자 옆에 나 있는 둥그런 구멍에 버렸어요. 나도 목이 마르고 배가 고파서 과일을 먹었지요.

먹으면서 살펴보니 건물 내부는 황폐하기 그지없었습니다. 기하학적 문양의 스테인드글라스는 곳곳이 깨져 있었고, 커튼에는 먼지가 두텁게 앉아 있었어요. 대리석 탁자도 모서리가 깨진 것이 많았습니다. 그래도 전체적으로 보면 매우 화려하고 아름다웠습니다. 홀에는 약 이백 명이 식사를 하고 있었는데, 식사를 하면서 신기한 듯 나를 쳐다보곤 했지요. 모두 부드러우면서 질긴 비단 같은 천으로 만든 옷을 입고 있었어요.

나는 곧 이들이 채식주의자임을 알아차렸어요. 탁자에 과일밖에 없었으니까요. 고기 생각도 났지만, 과일로 만족할 수밖에 없었습니다. 사실 과일이 굉장히 맛있긴 했어요.

그러고 보니 여기 와서 동물을 본 적이 없다는 사실이 떠올랐어요. 다람쥐, 개, 고양이도 모두 사라진 것일까요? 소와 양 같은 가축들도? 대체 이들에게 어떤 일이 일어났던 것일까요?

계속 궁금증이 일었어요. 일단 이들과 의사소통을 해 봐야 할 것 같았어요. 나는 과일을 하나 집어서 손으로 가리키면서 이런저런 소리도 내 보고 몸짓도 지어 보았어요.

이런, 한심하군.

그들은 내 의도를 전혀 알아차리지 못하는 듯했어요. 놀라서 쳐다보거나 웃음을 터뜨릴 뿐이었지요. 그래도 계속했더니, 마침내 한 명이 내 뜻을 알아차렸어요. 그는 과일 이름을 반복하여 말했어요. 내가 따라하려고 애쓰자, 그들은 무척 재미있어 하더군요.

나는 같은 식으로 여러 번 반복한 끝에 드디어 스무 개 정도의 명사를 구사할 수 있게 되었습니다. 그들을 일로이들이라고 한다는 것도 알게 되었고, 지시 대명사와 '먹다' 같은 동사도 몇 개 배웠지요. 하지만 진도가 너무 느렸는지, 그들은 곧 지루해하면서 내 질문을 피했습니다. 나는 이들이 너무나 게으르고 금방 싫증을 낸다는 것을 알아차렸습니다. 역시 어린아이나 다름없었던 겁니다.

하지만 어린아이와 다른 점이 하나 있었어요. 바로 호기심이었지요. 어린아이는 본래 호기심이 많아요. 자신이 살아갈 세계를 알기 위해 여기저기 들쑤시고 다니게 마련이지요. 그런데 이들은 신기해하면서 내게 다가왔다가 금방 떠나곤 했어요. 처음에 내 옆에 있던 이들도 식사가 끝날 무렵에는 모두 사라지고 없었습니다. 이들은 지성과 신체 능력뿐 아니라 호기심도 잃은 모양이었습니다.

그러자 나 역시 이들에게 시들해졌지요. 나는 다시 밖으로 나갔습니다. 이들은 내 뒤를 졸졸 따라다니면서 웃고 재잘거리다가 금방 사라지곤 했습니다.

어느새 저녁 무렵이 되어 해가 기울고 있었습니다. 건물은 큰 강을 접한 비탈 위에 서 있었고, 2킬로미터쯤 떨어진 곳에 야트막한 언덕이 보였습니다. 나는 주변이 잘 보이는 언덕에 올라가서 한번 살펴보자고 생각했습니다.

걸으면서 보니 온통 폐허뿐이더군요. 언덕 꼭대기까지 작은 길이 나 있었는데, 주변에 알루미늄 덩어리와 화강암 덩어리들이 쌓여 있었고, 무너져 내린 잔해들이 미로처럼 흩어져 있었습니다. 어떤 거대한 건물의 폐허 같았지요.

도중에 아래쪽을 둘러보니 숲 사이로 거대한 건물들이 보였습니다. 그런데 작은 집들은 전혀 보이지 않았습니다. 단독 주택이라는 것 자체가 없는 모양이었어요. 사람들을 보니 가족이라는 개념도 사라진 것이 틀림없었고요.

이것이 과연 발전이라고 할 수 있을까요? 과연 이런 세상에 더 있는 것이 의미가 있을까요? 내가 너무 먼 미래로 온 것일까요?

아무래도 나는 인류가 끝없이 발전을 거듭한다고 가정하고 있었나 봐요. 친구들에게는 머지않아 인류가 자멸할 것이라고 열변을 토하곤 했지만 속마음은 그렇지 않았던 모양입니다. 그랬다면 지금의 인류를 보고 내 생각이 맞았다며 기뻐해야 했을 텐데요. 아무래도 시간 여행을 하면서는 발전된 미래를 보고 싶었나 봅니다.

인류는 왜?

"생김새가 똑같네."

졸졸 뒤따라오는 일로이들을 보니 문득 그런 생각이 떠올랐습니다. 옷차림뿐 아니라 부드럽고 둥그스름한 얼굴도 팔다리도 비슷비슷했습니다.

"그걸 이제야 깨달았어요?"

로봇이 작은 소리로 말했어요. 그런데 둘러보아도 모습은 보이지 않았습니다.

"아, 안 보일 거예요. 투명 망토 기술로 몸을 숨겼어요. 저들이 날 장난감 취급할 것 같아서요."

"투명 망토?"

"설명하려면 긴데요. 간단히 말하면, 내 몸이 가리는 뒤쪽의 풍경을 고스란히 내 앞쪽에 비추는 거지요. 그러면 나 대신에 뒤쪽 풍경이 보이면서 나는 안 보이게 되죠."

“그런 기술이 있으면서 타임머신에는 왜 안 썼어? 당장 타임머신도 가리자.”

“말로는 쉽지만 꽤 복잡한 기술이에요. 미세한 광섬유와 카메라, 화상, 전자 제어 장치 등이 필요한데요.”

“알았어. 안 된다는 거잖아!”

“쉿, 조용히 말하세요. 저들이 듣고 이상하게 생각할지도 몰라요.”

“괜찮아. 저들은 호기심이 별로 없으니까. 그런데 남녀도 잘 구별하지 못하겠네. 하긴 당연한지도 모르지. 남성의 강한 근육, 여성의 부드러운 면모, 남녀 역할 분담, 가족 제도 같은 것은 다 생존하기 위해 발달한 특징들일 테니까. 편하고 안전한 세상에서 힘센 근육이 뭐가 필요하겠어? 사회가 필요한 것을 모두 제공하니 굳이 남녀의 역할도 구별할 필요가 없고, 가족도 필요 없지 않을까?”

“흠, 흥미로운 이 세계에 못지않게 흥미로운 이론이네요.”

"뭐? 이 세계가 흥미롭다고? 이 폐허를 봐. 또 아무 생각 없이 그저 희희낙락하면서 지내는 저들을 봐. 어디가 흥미롭다는 거야?"

"세상을 겉만 보고 판단하시나 봐요? 저들과 폐허만 보지 말고 좀 더 깊고 넓게 살펴보면 흥미가 동할 걸요?"

그때 둥근 지붕이 있는 우물 같은 것이 눈에 띄었어요.

"깊이 보라고? 저 우물 속이라도 들여다보라는 거야?"

"헉, 썰렁한 농담도 할 줄 아시네요?"

농담이 아니었어요. 아직까지 우물이 남아 있다니 이상했어요. 그래서 진짜로 살펴볼까 하다가 고개를 저었어요.

"아니야, 넓게 살펴보는 일부터 먼저 하자."

나는 빠르게 걸음을 옮겼습니다. 그때까지 계속 내 뒤를 졸졸 따라오던 이들이 미처 따라오지 못하고 뒤처졌습니다. 나는 마침내 홀로 있게 되었습니다. 저들과 만난 이후로 처음이었지요. 갑자기 홀가분

한 마음이 들더군요. 어디를 가나 저들이 따라다녀 좀 귀찮기도 했거든요.

꼭대기에 오르니 정체 모를 노란 금속으로 만든 의자가 있었습니다. 군데군데 녹슬고 이끼로 반쯤 뒤덮여 있었지요. 의자에 앉으니 저녁놀에 물든 세상이 한눈에 들어왔어요. 넓게 펼쳐진 숲 사이로 궁전 같은 건물들이 군데군데 흩어져 있었습니다. 이미 폐허가 된 곳도 있었지요. 탑처럼 뾰족하게 높이 솟아 있는 건축물도 곳곳에 보였어요. 하지만 공장도, 농사를 짓는 흔적도 전혀 없었습니다. 그저 거대한 건물과 정원뿐이었습니다.

대체 이들은 뭘 하면서 살아갈까? 과일은 어디서 나오는 거지? 왜 이런 모습이 된 거지?

이런저런 의문이 꼬리를 물었습니다.

"아까 내 이론이 흥미롭다고 했는데 틀렸다는 뜻이지?"

사회가 필요한 모든 걸 제공하니까
남녀의 역할 분담이 없어지고
외모의 차이도 사라져 서로 비슷해진 거야.

"꼭 그렇지는 않지요. 틀린 부분도 있고 맞는 부분도 있다는 말이에요."

"그래? 틀린 부분이 뭔데?"

"우선 맞는 부분부터 이야기하자면, 남녀의 외모와 행동, 역할, 가족이 생존과 관련이 있다고 본 부분은 맞아요. 진화를 연구하는 과학자들은 인류 진화 초기에 남녀의 역할 분담이 있었다고 추정해요. 여자는 거주지 주변에서 주로 열매나 뿌리 같은 것을 채집했고, 남자는 더 멀리 돌아다니면서 동물을 사냥했다는 거죠. 살아가려면 식물뿐 아니라 동물 단백질도 필요하니까요."

"당연한 말이잖아. 힘이 센 남자가 더 멀리 다니면서 사냥을 했겠지. 그러면서 체격도 커지고 더 호전적인 성격을 지니게 되었을 것이고."

아무래도 이 로봇은 사람의 비위를 맞추는 능력도 있는 듯했어요.

틀린 부분부터 지적하고 나섰다간 내 기분이 몹시 나빠지리라는 것을 알아차린 모양입니다.

"그런데 남녀의 역할 차이를 낳는 근원적인 요인이 있어요. 바로 생물학적 차이지요. 여자는 아기를 낳고 젖을 먹이면서 돌봐야 했어요. 그러니까 멀리 돌아다닐 수가 없었던 거지요. 또 출산과 육아 때문에 몸의 구조뿐 아니라 호르몬 분비 같은 생리학적 면에서도 남녀는 많이 달라졌어요. 성격도 달라졌지요. 여자는 안정적이고 편안한 가정을 원하는 성격을 갖게 되었어요. 아이를 낳고 젖을 물리고 하면서 오래 키워야 하니까요."

"안정적인 가정을 원하는 건 남자도 마찬가진데?"

로봇은 고개를 저었어요.

"생물학적인 차이를 말하는 중이잖아요. 여자는 아기를 배고 낳아서 젖을 먹이는 데 시간이 걸려요. 그래서 평생 낳을 수 있는 자녀의

남녀 역할 차이의 근본 원인은
생물학적 차이에요 생존 환경이 바뀌어도
남녀의 생물학적인 차이는 여전히 남지요.

수가 한정되어 있어요. 하지만 남자의 몸은 그렇지 않지요. 수억 마리나 되는 정자를 계속 만들어 내고, 임신하는 것도 아니니까요. 그래서 여기저기 돌아다니면서 많은 여자에게서 많은 자녀를 낳을 수도 있어요. 사냥한 고기를 가져다주고서 짝의 환심을 살 수도 있고, 다른 남자들과 경쟁하고 싸워서 짝을 차지할 수도 있지요. 그렇다 보니 남자는 호전적인 성격을 갖게 되었고, 여자보다 가정에 덜 얽매이게 되었다는 거예요."

나는 왠지 움찔했어요.

"아, 물론 남자를 비난하는 것은 아니에요. 생물학적으로 본래 그런 차이가 있다는 거죠. 우리 시대에 조사를 했더니, 아시아인의 약 8퍼센트는 몽골 제국의 황제였던 칭기즈칸의 유전자를 지니고 있대요. 엄청나게 많은 자손을 남긴 셈이지요."

"정말이야? 놀라운 이야기네. 어쨌거나 네 말이 왠지 찰스 다윈의

이론처럼 들리는데?"

"좀 아시는군요. 하지만 여기서는 찰스 다윈의 성 선택 이론이 더 관련이 깊을 거예요."

"응? 그게 뭔데?"

"다윈의 자연 선택 이론은 잘 아시죠? 생물들이 살아남기 위해 서로 경쟁하고, 가장 좋은 형질을 가진 개체가 살아남아서 더 많은 자손을 퍼뜨린다는 것 말이에요. 예를 들면 사슴과 풀은 서로 경쟁해요. 사슴은 풀을 뜯어먹지요. 풀은 덜 먹히기 위해서 더 질겨지고 더 뗣어지는 쪽으로 진화해요. 그러면 사슴은 더 강한 턱과 이빨을 갖추는 쪽으로 진화하고요."

"그만, 나도 자연 선택은 잘 알아. 성 선택이 뭐냐고?"

"성 선택은 같은 종 내에서 짝을 얻기 위해 수컷은 수컷끼리, 암컷은 암컷끼리 경쟁한다는 거예요. 공작 수컷은 아주 크고 멋진 꼬리

짝을 얻기 위해 이성에게 잘 보이려는 쪽으로 진화하지. 생물학적 차이는 점점 더 벌어진다네.

깃털을 갖고 있어요. 다니기에는 거추장스러울 만치 길고, 포식자에게 잡혀 먹기에 딱 맞지요. 그런데 왜 그런 깃털이 나왔을까요?"

"암컷을 꾀려고."

내가 냉큼 대답하자, 로봇은 멈칫했어요. 사람이었다면 김샜다는 표정을 지었겠지만요.

"맞아요. 암컷의 마음을 얻기 위해서 더 크고 화려한 꼬리 깃털을 지니게 된 거죠. 포식자에게 잡아먹힐 가능성이 높아진다고 해도, 짝을 얻어야 자손을 남길 수 있을 테니까요. 여자의 둥근 젖가슴과 엉덩이도 그렇게 진화한 거라고 보는 거죠. 남녀의 체격 차이도요."

"그럴듯한데? 한마디로 남녀가 본래 생물학적인 차이가 있는데, 성 선택을 통해 점점 더 차이가 벌어져 왔다는 거네?"

로봇은 다시 놀란 듯했어요. 진짜 표정이 있다면 눈이 동그래지면서 놀란 표정을 지었을 것 같았어요.

그래도 목숨까지 내놓다니….

“물론 구체적으로 어떤 형질이 성 선택을 통해 진화했는지는 논란이 많지만요. 아무튼 남녀의 여러 가지 차이점들이 그런 과정을 통해 나왔다는 거지요.”

“무슨 말인지 대강 알겠어. 그런데 이 이야기가 일로이들이 남녀 구분 없이 비슷해진 이유를 생각하다가 나온 거잖아? 나는 이 세계가 안전하고 필요한 것을 다 제공하니까 남녀가 비슷해진 것이라고 말했어. 남녀가 역할을 분담할 필요 자체가 없어졌으니까 말이야. 내 이론에 어떤 문제가 있다는 거지?”

“뒤집어 생각하면 돼요. 마냥 놀면서 지내는 사회가 된다고 해서 남녀의 기본적인 차이가 사라질 리는 없다는 거죠. 무엇보다도 생물학적인 차이가 있으니까요. 개인별 특징까지 사라질 리는 더욱더 없고요.”

“하긴 네가 말한 이론, 그러니까 성 선택 이론이 옳다고 한다면, 남

녀가 짝을 찾는 행위 자체가 사라지지 않는 한 남녀의 모습이 똑같아지는 일은 없겠군. 그렇다면 남녀의 사랑이라는 것 자체가 사라진 걸까? 그래도 생물학적 차이는 남아 있을 텐데…."

머리가 점점 복잡해졌어요. 나는 어둠이 깔리기 시작한 숲을 보면서 생각을 정리했어요.

"남녀 문제만이 아니라 전체적으로 봐야 할 것 같아. 인류는 문명의 정점에 이르렀다가 퇴보하는 중일 거야. 잘 봐! 이곳에는 잡초가 하나도 없어. 우리 시대에는 그저 경작지와 정원의 잡초만 없앨 뿐 나머지 땅에서는 잡초가 마구 자라 길섶에서도 자라고 지붕에서도 자라지. 하지만 이곳 정원은 오랫동안 내버려 두었을 텐데도 원래 키우던 식물만 자라는 것 같아. 즉 인류는 필요한 것만 자라도록 모든 식물을 개량했던 것 같아. 잡초를 뽑는 성가신 일을 할 필요가 없도록 말이야. 또 여기에 나비는 있지만 모기 같은 해충은 없어. 한마디

로 자연을 완전히 정복했던 거야."

로봇은 진짜 사람처럼 턱을 쓰다듬으면서 말했어요.

"흠, 놀랍습니다. 차분히 생각을 하며 합리적인 이론을 세우시는군요."

진심으로 감탄하는 것인지 비꼬는 것인지 알 수 없었지만, 나는 말을 계속했어요.

"물론 질병도 정복했겠지. 병에 걸린 사람이 전혀 없잖아? 또 이들은 아무 일도 하지 않고 놀기만 해. 상점도 광고판도 없어. 경제 활동 자체가 사라진 거야. 정치적 갈등도 경제적 불평등도 사라졌을 거야. 한마디로 지상 낙원이 이루어졌겠지."

"잠깐만요. 자손을 낳는 문제는 어떤 방법으로 해결했을까요?"

"바로 그거야. 내 생각에는 바로 그게 핵심인 것 같아. 혹시 여자가 아기를 낳지 않게 된 것이 아닐까? 기를 필요도 없고 말이야."

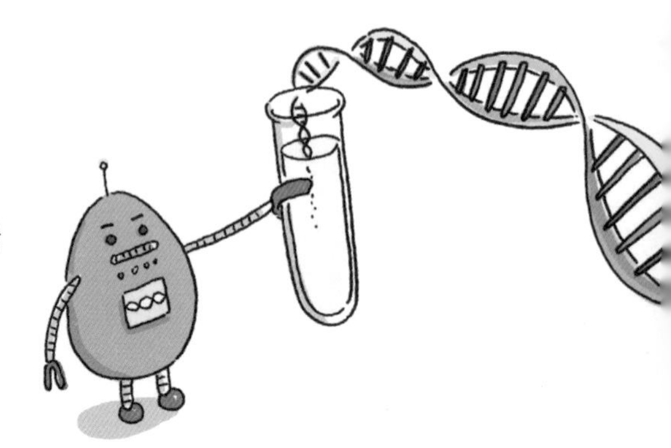

실험실에서 만든 수정란을
키워서 사람을 만들까요?

그러고 보니 여기 와서 아기를 본 적이 없어요. 아기를 기르는 장소가 따로 있는 걸까요? 아니면 아예 낳지 않는 걸까요? 이들은 질병에도 걸리지 않을뿐더러, 늙지도 않는 것은 아닐까요? 늙지 않고 계속 살아갈 수 있다면, 굳이 아이를 낳을 필요도 없으니까요. 이들은 수백 년째 이대로 살아온 것일까요? 하지만 영원히 살아간다는 것은 좀 터무니없는 생각 같았습니다. 그렇다면 아기는 어디에서 키우는 걸까요? 그때 로봇이 말했어요.

"비슷한 생각을 한 사람이 있었어요. 영국 소설가인 올더스 헉슬리예요. 그는 1932년에 『멋진 신세계』라는 소설에서 바로 그런 미래를 그렸어요. 그 시대에는 여자가 아기를 직접 낳지 않아요. 실험실에서 인공 수정으로 만든 수정란을 부화기에서 키우죠. 안 좋은 유전자는 미리 제거하고요. 수정란을 복제하기 때문에 사람들의 모습도 비슷해요."

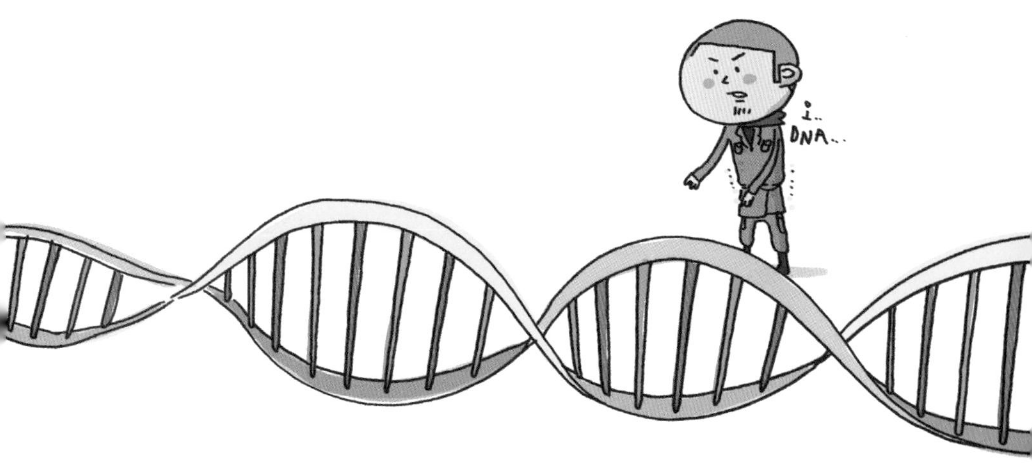

"흠, 흥미로운 이야기군. 왠지 이곳 상황과 들어맞는 것 같은데?"

"문제는 수정란의 유전자를 조작해서 계급을 미리 정한다는 데 있었어요. 반발하는 사람들이 나타난 거죠."

"그 점에서는 이 세계와 다르군. 이 세계에는 계급이 없잖아."

"왠지 또 겉모습만 보는 것 같은데요?"

나는 로봇의 말을 무시하고 계속했어요.

"그런데 바로 그 완성된 문명이 문제였지. 인간의 뛰어난 지능과 능력은 약육강식의 세계에서 살아남기 위해 발달한 거야. 호랑이에게 잡아먹히지 않으려고 토끼가 더 날쌔고 영리해지듯이 말이야. 남녀의 질투, 자식에 대한 애정과 헌신도 다 위험에 맞서기 위해 발달한 성향들이지. 그런데 문명이 고도로 발달하면서 그런 위험들이 모두 사라진 거야. 그에 따라 인간의 지능과 힘, 능력의 발달을 자극할 모든 요인들도 사라진 거지."

"사랑하는 감정도 사라졌고요?"

로봇이 맞장구를 쳤어요. 왠지 비꼬는 기색도 엿보였지만요.

"그랬을 거야. 사랑이라는 감정이 사실 피곤할 때가 많거든. 서로 사랑할 때는 좋지만, 그렇지 않을 때도 많으니까. 다윈의 말처럼 생물은 후손을 남기려는 본성을 갖고 있어. 하지만 아기를 인공적으로 부화시켜 따로 키우면서, 후손을 남기려는 본성도 사라졌을지 몰라. 그러고 나니 짝을 얻기 위해 경쟁하는 일도 줄어들었을 것이고, 세월이 흐르자 사랑 때문에 다투고 마음 아파하는 일 자체도 없어졌을 거야. 물론 신나게 웃고 떠드는 것 외에 다른 불쾌한 감정들도 없어졌을 것이고."

이야기를 이어가다 보니, 모든 것이 명확히 정리되는 듯했어요.

"인간은 환경에 적응하기 마련이니까 발전을 자극할 요인들이 모두 사라지자 몸도 지능도 퇴화하기 시작한 거지. 호기심도 무너져 가

발전을 자극할 요인이 없어져서
인간의 몸도 지능도 퇴화한 거야.

는 건물을 고칠 의욕도 사라지고…."

"하지만 창의력은 어떨까요? 흔히 삶에 여유가 생기면 창의력이 꽃필 것이라고 하지 않나요? 물질적 욕구가 충족되고 나면, 취미 활동에 몰두하지 않을까요? 창의력이 폭발하여 온갖 뛰어난 예술 작품이 나올 것이고요."

"하지만 그 예술적 충동은 오래가지 않아. 자극이 없으면 인간은 결국 나태해질 뿐이야. 우리 시대도 그런 조짐을 보이고 있었거든."

"어떤 조짐인데요?"

"영국은 식민지에서 자원을 얻고 무역을 통해 부를 계속 쌓고 있지. 귀족들과 상인들은 풍족한 삶을 누리고 말이야. 그들은 물질적인 욕구를 충족시킬 수 있지. 하지만 그들이 창작 활동에 애쓰는 모습은 거의 찾아볼 수 없어. 그저 도박을 하고 술과 마약을 하는 등 방탕한 짓거리에 몰두하고 있지. 물론 그런 짓거리들을 취미 활동이라고 본

다면 할 말이 없지만 말이야."

"왠지 생각이 좀 삐딱하신 것 같아요."

"그렇지 않아. 나는 세상을 객관적으로 보려고 노력해."

"겉모습 위주로 보는 것은 아니고요?"

로봇이 비꼬는 듯했지만, 표정이 없으니 알 수 없었지요.

"지금 중요한 문제는 이들이 왜 지금처럼 퇴화했느냐 하는 거야. 이 거대한 건물들과 완벽하게 유지되는 환경을 볼 때, 인류는 완성된 문명을 이루었던 것이 틀림없어. 그 뒤로 왜 퇴화했을까를 생각해 보라고! 나는 발전을 자극하는 요인들이 사라졌기 때문이라고 봐."

말하고 나니 너무나 완벽한 이론 같았어요.

"하지만 완성된 문명이라는 것이 과연 가능할까요? 인류 발전에 완성이라는 말이 있을 것 같지 않은데요?"

"사람마다 개념이 다르겠지만, 물질적 욕구가 충족되고 자연을 완

자극이 없으면 나태해질 뿐이야.
완벽한 승리 후의 쇠퇴라고 할까?

벽하게 정복한다면 가능하지. 여기 일로이들을 보면 성격까지도 개량된 것 같아. 공포심이나 폭력성 같은 것은 사라지고 오로지 즐거운 마음으로 살아가도록 말이야. 더할 나위 없이 행복한 삶을 누리는 문명이 만들어졌을 거야."

말할수록 내 이론은 점점 더 설득력을 갖추는 듯했어요.

로봇은 나를 빤히 쳐다보면서 물었어요.

"말하면 할수록 더 옳은 것처럼 느껴지지 않나요?"

"그만큼 타당하니까 그렇지."

로봇은 고개를 저었어요.

"인간은 본래 자기기만에 뛰어나요. 남들이 다 아니라고 말해도, 자신은 옳다고 믿는 일이 흔하잖아요."

나는 주위를 둘러보는 척했어요.

"여기에 남들이 어디 있다는 거야?"

로봇은 킥킥 웃으면서 말했어요.

"일반적으로 그렇다는 거예요. 이론을 세울 때는 맞는지 틀리는지 판단할 수 있도록 근거를 제시해야 하는데, 선생님처럼 두루뭉술하게 말하면 과학적 이론이라고 할 수 없어요."

맞는 말 같아서 꼬리를 내릴 수밖에 없었습니다.

"그러면 어떻게 제시해야 하지?"

"무엇보다도 모두가 원하는 만큼 물질적 욕구를 충족시킬 수 있다는 말은 애매해요. 물질적 욕구는 사람마다 다르잖아요. 설령 현재 나와 있는 물건들에 대한 욕구를 모두 충족시킬 수 있다고 해도, 새로운 물건이 나오면 새로운 욕구가 생기겠지요. 더 새로운 것을 기대하는 욕구도 생길 것이고요. 그런 점들을 고려해서 더 구체적으로 조건을 정해야지요. 이 조건이 충족되지 않으면, 완성된 문명이 아니라고 말이에요."

로봇이 계속 떠들었지만, 나는 더 이상 듣지 않았습니다. 머릿속에서는 나름의 생각이 꼬리를 물고 이어졌거든요.

"그렇다면 새로운 것을 원하는 욕구 자체를 없앰으로써 문명이 완성 단계에 이른 것일까? 현재 상황에 만족하도록 함으로써? 호기심도 없애고? 이들이 호기심이 적다는 것이 단서가 될 수 있을지도 몰라. 자연을 완벽하게 관리하기 시작한 뒤로는 아마 인간 자체를 관리하는 쪽으로 방향을 틀었을지도 몰라. 폭력과 범죄 같은 성향을 없애는 쪽으로 말이지. 그 과정에서 호기심과 진취적인 태도도 덩달아 사라졌을지 모르고 문명은 그런 식으로 완성된 것이 아닐까. 흠, 점점 더 설득력이 높아지는걸."

중얼거리다가 언뜻 보니, 로봇은 아니라는 듯 계속 고개를 젓고 있었습니다.

사라진 타임머신

내 이론에 취해 있는 사이에 노란 보름달이 솟아올랐습니다. 어느 새 일로이들은 모두 사라지고 없었습니다. 나도 잠잘 곳을 찾아 일어섰습니다.

내려가다 보니 앞서 식사를 했던 건물이 저 앞에 보였습니다. 나는 눈을 돌려서 청동 받침대 위에 놓인 하얀 스핑크스 석상을 바라보았습니다. 달빛이 점점 환해지고 있었지요. 석상과 그 옆의 자작나무와 철쭉 덤불과 잔디밭이 뚜렷이 보였습니다. 그런데….

이럴 수가!

없었습니다. 나는 나도 모르게 중얼거렸습니다.

"아니야. 그 잔디밭이 아니야."

하지만 부정한다고 현실이 뒤바뀔 리는 없었어요. 그곳에 있어야 할 타임머신이 보이지 않았습니다. 사라진 거예요! 망연자실한 내 모습을 스핑크스가 비웃듯이 빤히 쳐다보는 듯했습니다.

갑자기 숨이 탁 막혀 왔습니다. 이 세계에 꼼짝 못하고 갇혔다는 생각이 불현듯 들면서 극심한 공포가 밀려들었습니다.

나는 허겁지겁 비탈을 달려 내려갔습니다. 그러다가 곤두박질을 치고 말았지요. 얼굴이 바닥에 부딪혀서 찢어지는 것이 느껴졌습니다. 하지만 지혈할 생각도 못하고 벌떡 일어나 다시 달렸어요. 뜨뜻한 피가 턱으로 흘러내렸습니다.

"그들이 옮겼을 거야. 옆으로 치워 놓았을 거야."

나는 달리면서 계속 중얼거렸어요. 하지만 죽을힘을 다해 달리는 동안 아니라는 생각이 문득문득 들었고 그럴 때마다 두려움에 정신이 아득해졌어요. 일로이들은 나나 타임머신에 그다지 관심이 없었습니다. 그런 그들이 그 무거운 것을 옮길 리가 없었습니다. 다른 누군가가 가져간 것이 틀림없었어요.

점점 숨이 가빠 왔어요. 3킬로미터를 10분 안에 달린 듯했지요.

멍청하긴! 기계를 그냥 두고 떠나다니!

나는 스스로에게 욕설을 퍼부으면서 계속 달렸습니다. 잔디밭에 도착해서 진짜로 타임머신이 사라졌다는 것을 확인하니 미칠 지경이 되었어요. 나는 미친 듯이 뛰어다니면서 주변의 덤불 속을 뒤졌습니다.

여기도 없어!

아무 데도 없었어요. 스핑크스만이 서서 내 모습을 비웃고 있었습니다. 힘만 닿는다면 스핑크스를 쓰러뜨리고 싶었어요.

나는 도저히 마음을 가라앉힐 수가 없었습니다. 감정이 너무 격해진 나머지 주먹으로 덤불을 마구 때리다가 손가락이 찢어져서 부러진 나뭇가지에 피가 묻기도 했어요. 비통해서 흐느끼고 고함도 질러댔지요. 그렇게 바깥에서 마구 날뛰다가 건물 안으로 들어갔어요.

안은 어둡고 조용했습니다. 나는 성큼성큼 걷다가 그만 탁자에 걸려 넘어졌어요. 일어나서 성냥불을 켜니 홀은 텅 비어 있었습니다. 두리번거리다가 커튼을 들추고 들어가니 그 안에는 또 다른 거대한 홀이 있었습니다.

바닥에 방석이 깔려 있었고, 스무 명쯤이 그 위에서 자고 있었습니다. 갑자기 화가 치밀었어요. 나는 그들을 와락 움켜쥐고 흔들어 대면서 소리쳤습니다.

"내 타임머신 어디 있어?"

자다 깬 그들은 몹시 놀란 표정을 지었어요. 그 순간 아차 싶었습니다. 혹시 내 행동이 이들이 오랜 세월 잊고 있던 공포란 감정을 부활시킨 것은 아닐까요?

나는 성냥을 내던지고 앞에 있던 사람을 밀치고서 다시 밖으로 나왔습니다. 뒤에서 사람들이 공포에 질려 내지르는 소리와 이리저리 뛰고 걸려 넘어지는 소리가 들려왔어요. 하지만 그들을 신경 쓸 겨를이 없었지요.

그 뒤로 무슨 일이 있었는지 잘 기억이 나지 않아요. 아마도 절망에 빠져서 여기저기 덤불을 헤집으면서 미친 듯이 돌아다닌 듯싶었어요. 그러다가 결국 스핑크스 옆에 지쳐 쓰러져서 울먹이다가 잠이 든 것 같았습니다.

깨어나니 날이 이미 환히 밝았습니다. 아침의 상쾌한 공기를 접하니 정신이 맑아졌어요. 나는 일어나 앉아서 어젯밤에 있었던 일을 떠올리려 애썼어요. 내가 상실감과 절망감에 빠져서 미쳐 날뛴 것이 분명했습니다.

짐승보다 더 했겠군. 동물도 그렇지는 않았을 거야.

후회하는 마음이 들긴 했지만, 더 중요한 것이 있었습니다. 나는 상황을 차분하게 이성적으로 분석해 보았어요. 일로이들은 육체적으로나 정신적으로나 타임머신을 숨기거나 옮겨 놓을 능력이 없어요. 따라서 타임머신을 가져간 다른 존재가 있는 것이 틀림없었습니다. 그나마 다행인 것은 레버를 빼놓았다는 점이었지요. 즉 누군가 타임머신을 다른 장소로 옮겼다고 해도 이 시대를 벗어날 수는 없어요. 옮겨 간 곳만 알면 찾을 수 있다는 의미였지요.

하지만 가져간 누군가가 타임머신을 부수었다면요? 그런 최악의 상황까지 떠올리고 싶지는 않았지만 어쩌겠어요? 머릿속에 저절로 떠오르는 것을요.

그렇다면 나는 이들의 생활 방식을 배우고, 이들과 어울려 살아가야 하겠지요. 생활 자체는 어렵지 않을 것 같았어요. 꽤 지루하긴 하겠지만 말이지요. 살면서 이것저것 재료를 모으고 도구도 하나씩 제작한다면, 언젠가는 새 타임머신을 만들 수도 있지 않을까 하는 생각도 들었지요. 혹시 폐허를 뒤지면 쓸 만한 도구가 나올 수도 있고요.

이렇게 생각하니 최악의 상황을 가정해도 희망이 엿보이는 듯했습니다. 어쨌거나 타임머신을 누가 어디로 가져갔는지 알아내야 했어요. 그래야 부서졌는지 온전한지도 알 수 있을 테고요.

나는 지나가는 일로이들에게 몸짓을 섞어 가면서 물어보려 했어요. 하지만 헛수고였어요. 그들은 내가 무슨 말을 하는지 알아듣지 못했습니다. 그저 장난으로 받아들였지요. 그들의 웃는 얼굴을 한 대 치고 싶은 마음을 억누르려 무진 애를 써야 했습니다.

나는 그들에게 묻는 것을 포기하고, 잔디밭을 조사하기로 했어요. 자세히 살펴보니 잔디밭에 길게 홈이 나 있었습니다. 타임머신을 움직인 자국이 분명했어요. 또 홈 주변으로 기묘하게 폭이 좁은 발자국들이 나 있는 것이 보였습니다. 꼭 나무늘보의 발자국 같았어요. 좀 더 자세히 보니 발자국을 지운 흔적도 보였습니다.

흔적을 따라가니 스핑크스의 받침대로 이어져 있었어요. 자세히 보니 그것은 그냥 받침대가 아니었어요. 두꺼운 테두리 안에 섬세한 장식이 나 있는 청동 판이 끼워진 형태였어요. 두드려 보니 속은 비어 있었어요. 하지만 판에는 손잡이도 열쇠 구멍도 없었습니다. 아마 안에서 여는 모양이었어요. 타임머신은 그 안에 들어 있을 가능성이 놓았습니다.

어떻게 열지 고민하는데 두 사람이 다가왔어요. 마침 잘 되었다 싶어서, 나는 손짓 몸짓을 써서 받침대 문을 열고 싶다는 의사를 표현했어요. 그런데 그들의 태도가 몹시 이상했습니다. 그들은 마치 모욕을 받은 듯한 표정을 짓더니 그냥 가 버렸어요. 이어서 다가온 다른 사람들도 마찬가지였고요.

결국 나는 도저히 참지 못하고 떠나는 한 명의 목덜미를 움켜쥐었어요. 나는 그를 받침대 쪽으로 질질 끌고 갔어요. 하지만 두려움과 혐오감으로 가득한 그의 얼굴 표정을 보고서, 그만 놓아주고 말았습니다.

마음먹은 대로 되는 일이 하나도 없자 결국 내 성질이 폭발하고 말았습니다. 나는 주먹으로 청동 판을 탕탕 두드렸어요. 아무 반응이 없자 더욱 분노가 치솟아서 강에서 큰 자갈을 들고 왔습니다. 나는 돌로 녹청이 벗겨져 흩날릴 때까지 문을 마구 두들겼어요. 일로이들은 비탈에 몸을 숨긴 채 가만히 나를 지켜보고 있을 뿐이었습니다.

결국 나는 제풀에 지쳐서 포기하고 말았지요. 나는 씩씩거리면서 멍하니 주저앉아 받침대를 지켜보았습니다. 아무 일도 일어나지 않았어요. 물론 참을성 있게 온종일 지켜볼 수도 있었겠지만, 나는 인내심이 많지 않았어요. 한 가지 과학 문제를 몇 년 동안 붙들고 씨름할 수는 있었지만, 하루 종일 꼼짝하지 않고 기다리는 짓은 못했지요.

나는 일어나서 무작정 덤불을 헤치고 언덕 쪽으로 걷기 시작했어요. 거기에 그대로 있다가는 제 성질을 못 이겨서 다시 난동을 부릴 것 같았으니까요. 문을 계속 두들기든지 일로이들에게 행패를 부리든지요. 올라가서 스핑크스 석상을 때려 부술까 하는 생각도 들더군요.

진정하자.

걷다 보니 마음이 좀 차분해졌습니다. 나 자신이 이따금 너무나 충동적으로 행동한다는 생각이 들었습니다. 제 성질을 못 이겨서 난동을 부리다니요. 19세기의 친구들이 내 꼴을 봤다면 얼마나 기가 막혀 했을까요? 물론 위기에 처해서 겁에 질려 있을 때면 그런 행동을 보이는 것도 당연하지요. 그런 상황에서 이성적인 판단을 할 수 있을 리가 만무하니까요. 하지만 내 행동은 아무리 생각해도 너무 심한 것 같았습니다.

혹시 이 세계가 나를 그렇게 만드는 것은 아닐까요? 내 행동을 지켜보면서 비난하거나 말릴 이성적인 동료 인간들이 없어서? 인간은 사회를 이루어 살기에 알게 모르게 주변의 눈치를 보지요. 남의 눈이 무서워서 남의 집 담벼락에 쉬를 하는 것조차 삼가지요. 관습에 얽매이지 않는 사람이라는 평판이 자자한 나조차도 습관적으로 그렇게 해 왔던 것은 아닐까요? 그래서 내 행동을 지켜보며 수군댈 사람들이 없는 이 세계에서 본능에 따라 날뛰는 것일까요? 그렇다면 나의 이성적이고 합리적인 행동이라는 것은 사회가 없다면 사라질 겉껍질에 불과하다는 의미일까요?

그렇게 생각하니, 가족도 없고 서로에게 별 호기심을 갖지 않은 채 지내면서도 짐승처럼 날뛰는 행동을 하지 않는 이 세계의 사람들이 더 인간적이라는 생각이 언뜻 들었습니다. 나는 별 생각을 다 한다면서 고개를 저었지요.

차분히 생각해 보니 청동 판을 부숴 보았자 좋을 일이 없었어요. 누군가 타임머신을 훔쳐 갈 마음이었다면 청동 판을 부술 때 타임머신을 그냥 놔뒀을 리가 없지요. 부숴 버렸거나, 아니면 그 안에 통로가 있어서 다른 곳으로 옮겼을 수도 있고요. 또 그냥 좀 살펴보기 위해 가져간 거라면 곱게 말로 돌려 달라고 하는 것이 순리겠지요.

그렇다고 무턱대고 기다리는 것도 무의미했어요. 이 세계에는 내가 알아차리지 못한 면이 있었던 거예요. 겉으로 드러나지 않은 세계가요. 그곳에 관해 아무것도 모르는 상태에서 억측해 보았자 아무 소용이 없었지요. 유심히 관찰하여 단서를 찾고, 이 세계가 어떻게 돌아가는지를 깊이 파악한다면 대처 방법도 떠오르지 않을까요?

이성적으로 생각하니, 갑자기 이 상황이 너무나 우스꽝스럽게 느껴졌습니다. 시간 여행을 해 보겠다고 몇 년 동안 힘겹게 갖은 노력을 해서 타임머신을 만들었어요. 그런데 막상 미래로 오고 나니 다시 돌아가고 싶어서 안달하는 꼴이라니요! 어느 누구도 빠져 나가지 못할 완벽한 함정을 만들어서 내 스스로 뛰어든 것이나 다름없었지요.

갑자기 웃음이 터져 나왔습니다.

나는 돌아다니면서 주변의 언덕들마다 올라가 보았습니다. 어디나 비슷한 풍경이었어요. 무성한 숲 사이에 거대한 건물이 들어선 모습이었지요. 그러던 중 앞서 그냥 지나쳤던 것이 다시금 내 주의를 끌었습니다. 바로 우물이었습니다.

우물은 한 군데에만 있는 것이 아니었습니다. 원형의 우물마다 청동으로 테두리가 둘러져 있었고, 비를 막기 위해서 둥근 지붕이 씌워져 있었어요.

이 세계에 우물이 무슨 필요가 있을까요? 이상한 점은 또 있었어요. 우물 속을 들여다보았지만, 물은 전혀 보이지 않았어요. 깊은 어둠만이 있을 뿐이었지요. 어찌나 깊은지 성냥불을 켜도 아무것도 보이지 않았어요.

대신 모든 우물 속에서 거대한 기계가 돌아가는 듯이 쿵쿵쿵 울리는 소리가 들려왔습니다. 그리고 입구에 종이 조각을 던졌더니 순식간에 아래로 빨려 들어갔어요. 지하에 뭔가가 있었습니다.

또 다른 존재

"이제 이 세계의 속 모습을 들여다보고 싶은 마음이 생겼나 봐요?"

주변에 아무도 없자 로봇이 다시 모습을 드러냈습니다. 나는 고개를 끄덕이면서 말했지요.

"그래. 저기 높이 솟은 탑들을 봐. 끝에서 아지랑이 같은 것이 나오고 있지 않아? 내 생각에 지하에 대규모 환기 장치가 있는 듯해. 우물에서 공기를 빨아들여서 저 탑으로 내보내는 거지."

"왜 그런 게 있을까요?"

나는 주변을 둘러보면서 말했어요.

"이유를 짐작할 수 있을 것도 같아. 봐, 지상에는 건물 외에는 아무것도 없어. 배수 설비도 위생 시설도, 옷 공장도 신발 공장도 없어. 맞아, 묘지도 없어. 저 멀리 떨어져 있을지도 모르지만, 그렇다면 도로나 철도 같은 수송 시설이 필요할 텐데 그런 것도 안 보여. 전선도 없고 말이야. 아마 그런 설비들을 모조리 지하로 넣은 듯해. 그래서 대

규모 환기 시설도 필요한 거고."

"내가 보기에도 그래요. 그 이유가 궁금하긴 하지만요. 지하로 넣으면 겉보기에는 좋지만, 관리하기가 쉽지 않을 텐데요. 게다가 관리는 누가 할까요? 자동화가 이루어졌다고 해도 고장 났을 때 고칠 인력은 필요하잖아요?"

"혹시 로봇이 관리하는 거 아닐까? 힘들고 성가신 일을 맡기기 위해 로봇을 만드는 거잖아?"

잘난 체하는 로봇을 비꼴 기회가 생기다니 갑자기 기분이 좋아졌습니다.

"아는 로봇이 단 하나뿐인데도 벌써 심한 편견을 갖고 계시네요. 로봇이 본래 그런 용도로 개발되기 시작한 것은 맞아요. 공장에서 일하는 산업용 로봇이 그렇죠. 하지만 인간만 진화하는 것이 아니랍니다. 로봇도 진화하지요. 우리 시대에 이미 로봇이 인간의 육체적 능력

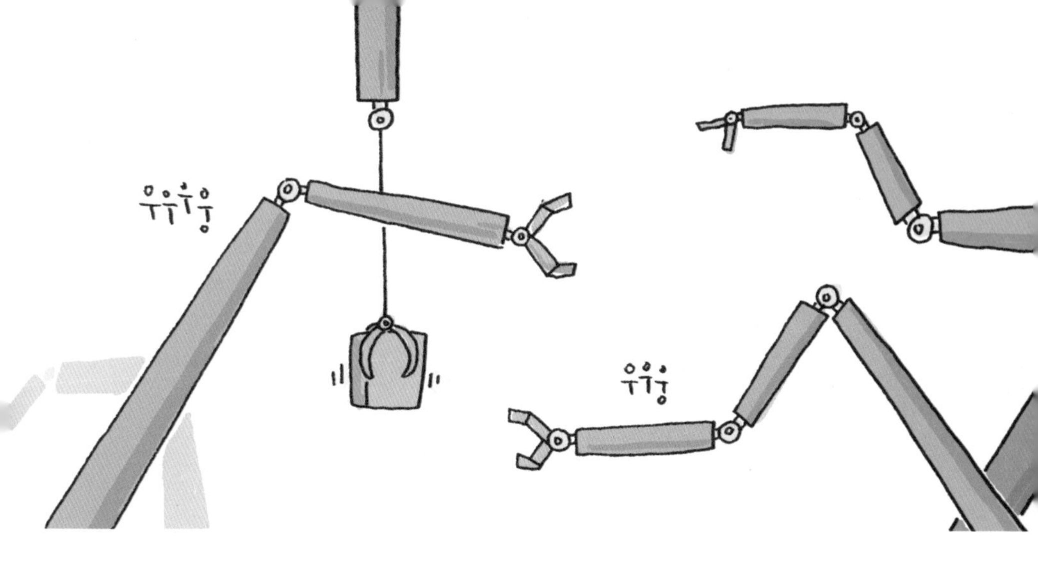

을 보완하거나 강화하는 수준을 넘어섰어요."

"어떤 수준인데?"

"바로 나 같은 로봇이지요. 정신적 능력을 강화하는 존재요. 복잡한 계산을 하는 능력은 이미 인간을 훨씬 뛰어넘었지요. 우리 시대보다 몇 십 년 뒤에는 다른 능력들에서도 인간을 넘어섰을 거예요. 사실은 그 시대로 가서 우리 동료들을 만나고 싶었어요. 업그레이드도 좀 받고요."

"그래도 인간을 따라가지 못하는 부분이 있겠지. 이를테면 체스에서 인간을 이길 수는 없을걸? 체스는 고도의 추리력과 판단력, 예측력을 요구하니까."

내가 으스대는 투로 이야기하자 갑자기 로봇이 푸하하 웃음을 터뜨렸습니다.

"체스요? 우리 시대의 가장 성능 나쁜 컴퓨터조차도 인간보다 체

두뇌 싸움 체스 우승자도 컴퓨터!
엄청나게 많은 정보를 분석하는 일은
컴퓨터가 훨씬 잘 하지요.

스를 잘 둬요."

"설마, 그럴 리가! 체스야말로 인간 사고 능력의 정수인데!"

"1997년에 세기의 대결이 벌어졌어요. 세계 체스 챔피언과 딥블루라는 컴퓨터가 맞붙어서 컴퓨터가 이겼지요. 그 뒤로 컴퓨터 성능은 엄청나게 좋아졌고요. 이제 인간은 체스에서 컴퓨터를 이길 수가 없어요."

나는 도저히 이해가 안 가서 고개를 저었어요. 체스처럼 복잡한 수를 내다보고 판단하는 일을 기계가 더 잘하다니요.

"체스는 사실상 수 읽기예요. 인간이 내다볼 수 있는 수는 한정되어 있지만, 컴퓨터는 가능한 모든 수를 순식간에 계산할 수 있어요. 덧붙이자면, 인간만이 지녔다고 말하는 추리력, 판단력, 사고력 중에는 수를 계산하는 능력으로 바꿀 수 있는 부분이 많이 있어요. 물론 우리 시대에도 그 점을 알아차리지 못하고 착각하는 사람들이 대부

분이지만요."

"그렇다면 너도 그런 능력을 지녔다는 거야?"

로봇은 으쓱하는 태도로 말했어요.

"물론이지요. 우리 시대의 가장 뛰어난 로봇에 속하거든요. 주로 경제 분야에서 인간의 자기기만을 폭로하고 바로잡는 일을 하죠."

"그건 또 무슨 말이야?"

"경제도 복잡하거든요. 그런 복잡한 분야에서 일하는 사람들은 남보다 더 많은 정보를 갖고 있을 때 자신이 올바른 판단을 내릴 수 있다고 착각해요."

"하지만 아니라는 거야?"

"정보가 너무 많아지면 사람은 오히려 판단을 잘 못해요. 그런데도 자신이 올바른 분석과 판단을 한다고 생각해요. 실패만 거듭하다가 어쩌다 한번 성공을 해도 자신이 올바로 판단하고 있다고 착각해요.

어쨌든 이곳의 설비들도
로봇이 관리할 가능성이 크겠군?

그것이 바로 자기기만이에요. 그래서 같은 실수를 되풀이하지요. 이것을 줄이려고 나 같은 로봇이 개발된 거예요. 나는 여러 가지 수학 모델을 써서 엄청나게 많은 정보를 분석하는 일을 해요. 그 분석 결과를 사람들에게 알려 주지요. 올바른 판단을 내릴 수 있도록요."

"일종의 하인이라는 거군. 하지만 주인은 하인 말을 잘 안 들을 텐데?"

내가 비꼬자 로봇은 휴 하고 한숨을 쉬었어요.

"그렇긴 하지요. 사실 인간이 그렇게 생각한다는 게 문제죠."

"뭐가? 하인이라고?"

"네. 사실 로봇이 더 뛰어난 존재일 수도 있거든요."

갑자기 이야기가 위험한 방향으로 흐른 듯했어요. 혹시 이 로봇이 자신이 나보다 더 뛰어나다고 여기는 것은 아닐까 하는 생각이 들었습니다. 나는 얼른 화제를 바꾸었어요.

그런데 이상하게 흔적이 없어요.
전원이라도 보여야 하는데….

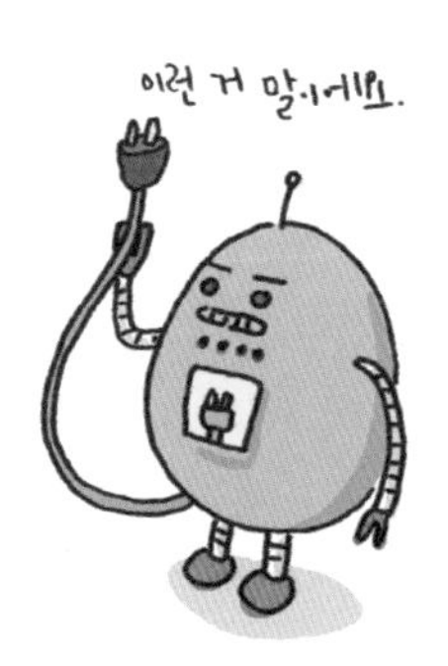

“어쨌거나 네가 살던 시대에 로봇이 그런 일들을 했다면 이 시대의 기계도 모두 컴퓨터와 로봇이 관리하고 있을 가능성이 높겠네?”

“저도 처음에는 그렇게 판단했는데, 좀 이상해요. 흔적이 전혀 없어요. 로봇이 눈에 보이지 않게 돌아다닌다고 해도 적어도 전원은 있어야 하거든요. 그런데 전원 자체가 없어요.”

수수께끼가 하나 더 늘어난 셈이었지요.

“또 한 가지 의아한 점이 있어. 바로 나이가 들어서 쇠약해진 사람을 전혀 볼 수 없다는 거야. 혹시 나이가 들면 지하로 가서 기계를 관리하는 일을 하는 것 아닐까?”

로봇은 고개를 가로저었어요.

“하긴 그럴 가능성은 없지. 그저 놀고, 먹고, 자면서 시간을 보내는 이들이 나이 들어서 새로운 기술을 배울 리가 없겠지. 힘들게 말이야.”

생각하면 할수록 수수께끼가 늘어나고 있었습니다. 나는 이 세계

가 눈에 보이는 것처럼 단순하지 않다는 사실을 점점 더 깨닫고 있었습니다. 눈에 띄지 않는 어떤 존재가 있는 것이 분명했어요. 그리고 타임머신도 바로 그들이 가져간 것이 틀림없었지요. 그런데 어떤 존재일까요?

"정말 유령이 있는 게 아닐까?"

그때 무언가 생각났어요. 어제 새벽이었을 거예요.

"어떤 회색 동물이 막 달려드는 꿈을 꾸었어. 왠지 불안해서 더 잠을 이룰 수 없었어. 그래서 밖으로 나왔지. 어슴푸레했어. 조금 더 있으면 해가 뜰 것 같았지. 덤불 쪽은 컴컴했고, 땅도 짙은 회색이었어. 왠지 섬뜩한 것이 유령이 나타나기 딱 좋은 때라고 생각했지."

"그래서요? 진짜 나왔어요?"

"언덕 쪽을 쳐다보는 데 어떤 하얀 형체가 보이는 거야. 유인원처럼 생긴 하얀 동물이 빠르게 언덕 위로 뛰어 올라가는 것도 봤어. 폐

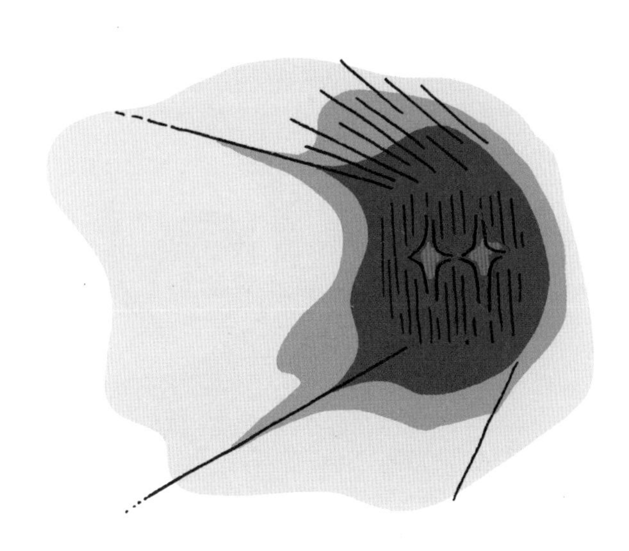

허 쪽에서 세 마리가 검은 물체를 들고 가는 것도 보였지. 그때는 그냥 어슴푸레한 새벽에 본 환상이라고 생각했는데…."

"진짜일지 모른다는 거죠?"

"맞아. 아, 그리고 타임머신을 찾아 미친 듯이 덤불 속을 뒤지다가 한 마리와 마주친 듯도 했어."

"단서들이 나오기 시작하는군요. 조금만 더 기다리면 그들의 정체가 드러날 것도 같아요."

"글쎄, 내가 기다리는 일을 잘 못해서 말이야."

하지만 오래 기다릴 필요도 없었습니다.

바로 다음날이었어요. 시원한 그늘을 찾아 근처 폐허를 돌아다니다가 좁은 복도 같은 길을 발견했습니다. 무너진 돌에 창문도 끝도 다 막혀서 어두컴컴하더군요. 나는 한번 살펴보고 싶어서, 손으로 더듬으며 안으로 들어갔습니다. 그때 갑자기 로봇이 소리쳤지요.

“멈춰요, 저기 뭔가 있어요!”

앞을 보니 어둠 속에서 나를 노려보는 한 쌍의 눈이 보였습니다. 순간 나는 원초적인 공포에 사로잡혔어요. 몸이 마비된 듯했어요. 시선을 돌릴 생각도 못한 채, 나는 그 눈을 똑바로 바라볼 수밖에 없었습니다. 하지만 다음 순간, 한 발 앞으로 나가면서 말을 걸었어요. 목소리가 떨리더군요. 나는 더 용기를 내어 손을 뻗었지요. 부드러운 털 같은 것이 만져졌어요.

붉은 기운이 감도는 두 눈이 옆으로 움직이는가 싶더니, 무언가 내 옆을 스치고 달아났습니다. 나는 재빨리 몸을 돌렸어요. 유인원처럼 생긴 하얀 존재가 햇빛이 드는 곳으로 달려가다가 돌에 부딪히는 모습이 보였어요. 그것은 비틀거리다가 재빨리 폐허의 어둠 속으로 숨어들었어요.

“뭐였지?”

목소리가 여전히 떨려 나왔어요.

"설명은 나중에 하고 일단 따라가요!"

나는 잠시 망설이다가 그것이 사라진 곳으로 향했어요. 아까 있던 복도와 마찬가지로 어두컴컴한 곳이었어요. 곧 어둠에 눈이 익자 둥근 우물이 하나 보였습니다. 혹시 저 속으로 들어간 것이 아닐까요?

성냥불을 켜서 우물 안을 비추었어요. 순간 소스라치게 놀랐습니다. 하얀 생물이 나를 노려보면서 아래로 내려가고 있었어요. 와락 겁이 났지만, 계속 지켜보았어요.

"우물 벽에 사다리가 달려 있네요."

순간 성냥이 다 타서 불이 꺼졌어요. 다시 성냥불을 켰을 때 괴물은 사라지고 없었습니다.

이상한 우물 속 탐험

멍하니 우물 속을 들여다보고 있었습니다. 여러 가지 단서들이 모이면서 서서히 깨달음이 밀려들었지요. 이 세계의 인류는 한 종류가 아니었던 거예요. 지상에 사는 일로이만이 아니라, 조금 전에 본 섬뜩한 존재도 인류의 후손이었던 거지요.

이 우물과 높이 솟은 탑은 지하 공간의 환기 장치였고, 지하에 그들이 살고 있었던 거예요. 일로이는 그들을 멀록이라고 부르더군요.

멀록은 오랜 세월 지하에서 생활한 것이 분명해요. 그렇게 추측한 이유는 세 가지예요. 우선 몸이 하얗고 창백했어요. 동굴에 사는 물고기나 거미처럼 어둠 속에서 살아가는 동물들이 그렇듯이요. 또 어둠 속에서 빛나는 커다란 눈을 지니고 있었어요. 야행성 동물들처럼요. 햇빛이 안 비치는 곳으로 허둥지둥 달아나고, 밝은 곳에 나가면 고개를 숙인 채 움직이는 모습도 그래요. 밝은 곳에서는 눈을 제대로 뜰 수가 없기 때문이지요.

그제야 우물과 환기탑이 멀리까지 곳곳에 서 있다는 사실을 깨달았어요. 그 말은 지하에 엄청난 규모의 터널 망이 갖추어져 있다는 뜻이지요. 그렇다면 지하의 멀록이 지상의 일로이가 살아가는 데 필요한 일들을 하는 것이 아닐까요?

수수께끼를 풀 방법이 있긴 했어요. 바로 내려가 보는 것이었지요. 게다가 타임머신도 그들이 가져간 것이 틀림없었습니다. 그런데 대체 왜 가져갔을까요? 가져갔다면 어디에 있을까요? 그 문제를 풀기 위해서라도 내려가야 했습니다.

하지만 겁이 났습니다. 그 창백한 인간들을 생각만 해도 온몸에 소름이 돋았어요. 그들은 알코올에 담긴 오래된 생물 표본처럼 희멀겠고, 만졌을 때는 섬뜩할 만치 차가웠지요.

물론 내가 일로이들에게 영향을 받은 탓도 있을 거예요. 작고 사랑스럽고 온화한 일로이를 먼저 보았으니, 은연중에 그들을 기준으로 이 세계를 생각하고 있었겠지요. 그러다가 그들과 정반대로 인간보다는 유인원에 더 가까워 보이는 멀록을 보니 나도 모르게 혐오와 두려움을 느꼈을 수도 있어요. 또 일로이들의 태도에도 영향을 받았을지 몰라요. 그들은 우물을 가리키기만 해도 겁먹은 표정을 짓고, 우물 쪽으로 데려가려 하면 움찔해서 달아나곤 했으니까요.

스핑크스의 받침대로 끌고 가려고 했을 때도 그랬지요. 일로이는 그 받침대에서 멀록이 나온다는 사실을 알고 있었던 듯해요.

멜록을 만나고 났더니 왠지 불안해서 잠이 오지 않았어요. 나는 일로이들이 자는 모습을 지켜보다가 밖으로 나왔습니다. 달이 환하게 떠 있었지요. 그때 문득 달이 작아지고 있다는 데 생각이 미쳤어요. 이삼 일 뒤에는 그믐달이 될 텐데 어둠이 짙어지면 혹시 멜록들이 올라와 돌아다니지 않을까요?

그렇게 생각하니, 내가 할 일을 회피하고 있는 것 같았어요. 타임머신을 찾고 싶다면 행동을 취해야 하는데, 하루를 그냥 흘려보냈으니까요. 지레 겁을 먹고 있는 나 자신이 너무나 한심했어요. 그래서 이튿날 아침, 더 이상 미루지 말자고 결심했습니다.

나는 멜록이 사라졌던 우물로 갔습니다. 심호흡을 한 번 한 뒤, 성큼 안으로 들어가서 사다리에 매달렸습니다. 머뭇거렸다가는 용기가 꺾일 것 같았거든요. 사다리에 매달려서 내려가기 시작한 뒤에야 사다리가 너무 작다는 사실을 깨달았어요. 사다리는 몸집이 작은 멜록들에게 맞추어져 있었지요. 그래서 내려가기가 무척 힘들었어요. 곧 지쳐서 몸이 굳어 버렸어요. 그때였어요.

뿌지직.

내 몸무게를 이기지 못한 가로대 하나가 갑자기 부러지더니 몸이 아래로 축 처졌어요. 다행히 한 손으로 사다리를 꽉 움켜쥘 수 있었지만, 하마터면 끝도 보이지 않는 깊은 바닥으로 추락할 뻔했지요. 나는 잠시 한 팔로 대롱대롱 매달려 있다가 간신히 다시 발을 사다리에 올려놓았습니다.

그러고 나니 더 이상 쉴 엄두가 안 났어요. 한 곳에서 지체했다가는 가로대가 부러질 것만 같았거든요. 팔과 등이 뻐근해 왔지만, 서둘러 내려갔습니다. 한참을 내려가다가 올려다보니 작은 원반 같은 우물 입구만 보일 뿐, 사방은 온통 어두컴컴했습니다.

괜히 왔나?

그냥 다시 나가고 싶은 생각이 굴뚝같았지요. 하지만 손발은 계속 밑을 향해 움직이고 있었습니다.

이윽고 손이 마비될 지경이 되었어요. 손에 힘이 들어가지 않아서 금방이라도 떨어질 것 같았지요. 그때 오른쪽으로 작은 구멍이 보였습니다. 재빨리 기어 들어가니 수평으로 뚫린 터널의 입구였어요. 나는 기진맥진해서 그곳에 드러눕고 말았습니다.

주위는 칠흑같이 어두웠고, 기계가 쿵쿵거리며 돌아가는 소리가 귀가 멍멍할 정도로 울리고 있었어요. 이대로 누워 있다가는 위험에 처할 수도 있겠다 싶었지만, 너무 지쳐서 꼼짝도 할 수 없었지요. 결국 겁이 나면서도 그대로 누워 있었어요.

얼마나 지났을까요. 무언가가 얼굴에 와 닿는 바람에 소스라치게 놀랐습니다. 섬뜩할 만치 차가웠지요. 나는 벌떡 몸을 일으켜서 재빨리 성냥불을 켰어요. 희끄무레한 녀석들 세 명이 웅크린 채 나를 내려다보고 있었습니다.

나도 경악했지만 그들도 갑자기 켜진 불빛에 놀란 듯했습니다. 그들은 당황한 기색으로 눈을 가리면서 황급히 달아났어요. 하지만 아예 사라진 것은 아니었어요. 구석진 곳에 몸을 숨긴 채, 말없이 흉측한 눈으로 나를 노려보고 있었습니다.

"어이, 이야기 좀 할까?"

나는 용기를 내어 말을 걸어 보았습니다. 하지만 그들은 아무런 반응도 보이지 않았습니다. 그냥 돌아가고 싶다는 생각이 다시금 들었지만, 이를 악다물었지요.

이왕 저지른 일이야. 지금은 앞으로 나아가는 수밖에 없어.

나는 굳게 마음을 먹고서 앞으로 기어가기 시작했어요. 성냥불이 가까이 다가가자, 녀석들은 어디론가 모습을 감추었습니다.

터널은 점점 넓어지더니 이윽고 확 트인 곳이 나왔어요. 성냥을 켜서 보니 높게 둥근 천장이 나 있었어요. 커다란 기계 같은 것도 보였고, 그 뒤의 어둠 속에서 희끄무레한 형체들이 몸을 숨긴 채 움직이고 있었습니다.

공기는 숨이 막힐 만치 탁했어요. 생각보다 환기가 덜 되는 모양이었습니다. 그리고 이상한 냄새가 섞여 있었어요. 마치 피 냄새 같았지요. 다시 온몸에 소름이 돋았습니다.

저게 뭐지?

한쪽에 하얀 금속 탁자가 있었는데, 그 위에 커다란 고깃덩어리 같은 것이 놓여 있었어요. 아, 이들은 일로이와 달리 육식을 하고 있는 듯했습니다.

더 자세히 살펴보려는 찰나, 성냥이 다 타서 불이 꺼졌어요. 그 순간 준비도 없이 미래로 온 것이 너무나 후회되었습니다. 무기도 약품도 갖고 오지 않았고, 기록할 사진기도 없었지요. 말 그대로 아무런 준비 없이 빈손으로 여행에 나선 거지요.

물론 내 나름대로 이유가 있었지요. 생각해 봐요. 나는 미래가 내가 살던 시대보다 훨씬 더 발전되었을 것이라고 추측했어요. 갈등도 없고 질병도 정복한, 더 편리하고 안전하고 행복한 미래 세계를요. 그런 미래에 구시대의 무기와 약품이 무슨 필요가 있겠어요? 쓰지도 못할 골동품에 불과할 텐데요.

그런데 이런 꼴이라니! 내 생각이 너무나 짧았다는 사실이 드러난 거죠. 나 자신이 이렇게 준비성도 부족하고 무모한 인간이었다니! 예상과 전혀 다른 세계에서, 그것도 지하에서 고작 성냥 몇 개비로 버티는 신세가 되리라고는 전혀 상상도 못했습니다. 게다가 한 갑 가져온 성냥도 일로이들에게 보여 주느라 거의 다 썼지요. 불을 켜면 그들이 꺄 하면서 재미있어 했으니까요. 그렇게 별 생각 없이 마구 켜다 보니 겨우 네 개비밖에 남지 않았어요. 성냥이 요긴하게 쓰일지도 모르니 아껴 두자는 생각은 왜 하지 못한 걸까요? 인간이란 본래 이렇게 앞일을 생각 못하는 존재일까요?

어둠 속에 잠시 서 있자 갑자기 누군가 내 손을 만졌어요. 얼굴에도 손이 닿았어요. 옷을 잡아당기고 더듬는 녀석도 있었어요. 역겨운 냄새가 코를 찔렀지요. 멀록들이 신체검사를 하듯이 나를 살펴보는 것 같았어요. 슬그머니 성냥갑을 빼앗으려는 손길도 느껴졌어요.

도저히 참을 수가 없어서 있는 힘껏 고함을 쳤어요. 그러자 그들은 후다닥 물러났습니다. 하지만 별 위협을 못 느꼈는지 다시 몰려들더니, 더 대담하게 나를 만지고 잡아당기고 했어요.

몸이 부들부들 떨리기 시작했지요. 나는 다시 소리를 질렀지만, 이번에는 위기에 빠진 동물이 내는 비명처럼 들렸어요. 그들은 오히려 묘한 웃음소리를 냈어요. 꼭 비웃는 것처럼 들렸습니다. 무슨 일을 당할까 정말 겁이 났지요.

나는 재빨리 성냥불을 켰어요. 내친 김에 주머니를 뒤져서 나온 종이쪽에 불을 붙였어요. 더 이상 탐색하고 살펴보고 할 정신이 아니었지요. 오직 달아나야 한다는 생각뿐이었어요. 나는 주변을 살필 겨를도 없이 왔던 터널을 향해 도망치기 시작했습니다.

그런데 터널로 들어서자마자 불이 그만 꺼지고 말았어요. 뒤에서 멀록들이 쫓아오는 소리가 들렸습니다. 발소리가 금세 가까워지더니 곧바로 몇 개의 손이 뒤에서 나를 움켜잡았어요.

재빨리 성냥불을 켜고 몸을 돌려 그들의 눈앞에 대고 흔들었습니다. 그때 처음으로 그들의 얼굴을 가까이에서 볼 수 있었지요. 그 흉측하게 생긴 얼굴이란! 털이 거의 없고 소름끼치도록 희멀건 얼굴이었지요. 게다가 눈꺼풀도 없이 불그스름한 색깔을 띤 커다란 눈!

갑자기 켜진 불빛에 그들이 당황해하는 사이에 재빨리 그들을 뿌리치고 다시 달려갔습니다. 불이 꺼지면 다시 성냥불을 켰지요. 세 개비째 성냥이 거의 다 탈 무렵이 되자 터널 입구가 보였어요.

나는 다 탄 성냥을 버리고, 좁은 입구에서 몸을 눕혔어요. 갑자기 누우니 현기증이 나더군요. 손을 앞으로 쭉 뻗어서 발판을 찾았어요. 그때 어느새 뒤따라온 멀록들이 내 발을 잡고 확 잡아당겼어요. 안으로 끌려갈 찰나, 간신히 마지막 성냥을 켰어요.

그들은 멈칫했지요. 그런데 공교롭게도 성냥불이 그냥 꺼지고 말았습니다. 곧바로 멀록들이 다시 내 발을 잡았어요. 다행히 그 짧은 순간에 발판이 눈에 들어왔습니다. 나는 재빨리 손으로 그것을 움켜쥐었지요. 그리고 마구 세차게 발길질을 해서 멀록들의 손을 뿌리쳤어요.

나는 허겁지겁 사다리를 밟으며 오르기 시작했어요. 하지만 그들은 포기하지 않았어요. 멀록들이 따라서 올라오는 소리가 들렸어요. 곧 누군가가 바로 밑에서 내 발을 움켜쥐었어요. 하마터면 신발을 빼앗길 뻔했지요. 나는 재빨리 뿌리쳤어요. 멀록이 밑으로 떨어지는 소리가 들렸습니다.

나는 멈추지 않고 계속 손발을 움직였어요. 아무리 올라가도 사다리는 끝없이 이어지는 듯했어요. 팔이 마비되기 시작했고, 심한 구역질까지 올라왔어요. 발도 잘 움직이지 않았어요. 이대로 추락할 것 같은 기분이 들었지요. 머리도 몽롱해지는 느낌이었고요. 나는 정신을 잃지 않기 위해 애썼습니다.

마침내 바로 위에 우물 입구가 나타났어요. 안간힘을 다해 기어올랐지요. 우물 밖으로 나온 나는 비틀거리면서 밝은 햇살 아래로 걸어 나왔습니다. 긴장이 풀리면서 몸이 절로 푹 꺾였어요. 바닥에 쓰러진 나는 흙냄새가 상쾌하다는 생각을 하면서 그대로 정신을 잃고 말았습니다.

위나

"그렇게 무모한 행동을 언제까지 할 거예요?"

정신을 차리자마자 귓가에서 로봇의 핀잔이 들렸어요. 머리가 더 지끈거렸습니다.

"그만해. 나도 반성하고 있으니까."

하지만 로봇은 내 기분에 상관없이 말을 계속했지요. 인간의 감정을 파악하지 못하는 것이 이 로봇의 단점인 듯했습니다. 그러고 보니 나는 남의 단점만 잘 찾아내고 있다는 생각이 들었습니다.

"반성을 하면 뭐해요! 알면서도 같은 실수를 반복하고 있잖아요. 위기 상황에 대처하는 가장 좋은 방법은 미리 대비하고 준비하는 거라는 걸 누구나 알죠. 하지만 알면서도 인간은 계속 똑같은 짓을 저지르지요. 귀찮아, 별일 없을 거야, 시간과 비용이 아까워 등등 온갖 핑계를 대면서 대비를 안 하다가 일이 터지면 그제야 후회하고요."

"알았다니까! 나도 후회 많이 했다고."

나는 벌컥 화를 냈습니다. 그러자 옆에 있던 위나가 깜짝 놀란 표정을 지었습니다. 나는 아차 싶었어요. 위나는 로봇의 존재를 모르거든요.

참, 위나 이야기를 안 했군요. 위나는 이곳에서 나와 친해진 유일한 일로이입니다. 하마터면 목숨을 잃을 뻔한 위나를 내가 구해 주었지요.

어느 날 강의 얕은 물에서 일로이들이 물놀이하는 모습을 지켜보고 있었어요. 그런데 한 명이 갑자기 경련을 일으키더니 그대로 물에 떠내려가기 시작했어요. 강 한복판은 물살이 셌거든요. 그런데 동료가 떠내려가면서 울부짖어도 아무도 도와줄 생각을 안 하더군요. 그냥 지켜보고만 있었어요. 일로이들은 위기에 처한 동료를 돕는다는 개념조차 잊어버린 모양이었습니다.

보다 못해 하류 쪽으로 헤엄쳐 가서 일로이의 손을 잡고 뭍으로 꺼

내 주었죠. 무사한 것을 확인한 나는 그 자리를 벗어났습니다. 동료애라는 감정도 없으니, 감사의 말을 들을 것이라고는 기대도 하지 않았지요.

그런데 그날 오후에 누군가 나를 반갑게 맞이하면서 커다란 꽃다발을 건네주더군요. 그 순간 가슴이 뭉클했습니다. 생각해 보세요. 이곳에 온 뒤로 제대로 이야기를 나눌 상대도 없이 줄곧 혼자였습니다. 또 주변에 있는 일로이들은 우리 시대의 어린아이보다도 못한 존재로 보였습니다. 게다가 타임머신까지 잃어서 막막한 처지에 놓여 있었지요. 그러니 나도 모르게 외로워하고 있었나 봅니다. 그런 상황에서 기대도 못한 꽃다발 선물을 받고 감동하지 않을 사람이 누가 있겠어요?

고맙다는 표시를 하고, 우리는 대화를 나누었지요. 그녀의 이름은 위나였습니다. 물론 말은 거의 다 내가 했고, 그녀는 대개 웃고 있었지만요. 친해지고 나니 그녀가 꽤 귀엽게 보였습니다.

그 뒤로 그녀는 내가 가는 곳마다 졸졸 따라다녔습니다. 지쳐서 따라오지 못할 때면 슬퍼서 울기도 했지요. 나를 붙잡으려고 안달할 때도 있었고요. 하지만 탐험을 해야 하는 나로서는 그녀에게 얽매여 있을 수만은 없었습니다. 어쨌든 하루 탐험을 마치고 돌아올 때면 위나는 늘 반갑게 맞아 주었습니다. 덕분에 이 고독한 세상에서 그녀는 내게 큰 위안이 되었지요.

나는 혼잣말을 한 것뿐이라고 하면서 놀란 위나를 달랬습니다. 로봇은 위나가 기분이 풀어져서 주변에 있는 꽃을 따러 갈 때까지 잠자코 있었습니다.

"내려갔다 온 기분이 어때요?"

로봇이 그 말을 하자 나는 좀 놀랐습니다. 인간의 감정에 무심하다고 생각했는데, 아니었던 걸까요?

일로이들도 두려워하는 게 있어.

"덫에 걸린 짐승 같아. 전에는 그냥 재수 없게 구덩이에 빠진 느낌이었어. 방법만 찾으면 올라올 수 있을 것 같았지. 그런데 멜록의 세계를 보고 나니 막막해졌어. 과연 타임머신을 되찾을 수 있을지 의심도 들고, 물론 두렵기도 해."

그 순간, 나는 일로이들을 보면서도 미처 깨닫지 못한 점을 한 가지 알아차렸습니다.

"맞아! 이들에게도 두려움이 있었어."

말소리가 컸는지 위나가 나를 쳐다보았습니다. 하지만 별일 아니라고 생각했는지 다시 꽃을 따는 일에 열중했습니다.

"무슨 말이에요?"

로봇이 물었습니다.

"일로이가 태평하게 살아간다고만 생각했어. 두려움 같은 부정적인 감정은 사라진 지 오래라고 여겼지. 그래서 내가 그런 감정을 이

들에게 다시 심어 주지 않을까 해서 행동을 조심했고."

그 말에 로봇이 고개를 저었어요. 로봇이 입을 열려고 할 때, 나는 재빨리 손을 내저었지요.

"알아. 물론 그렇지 않을 때도 있었지. 하지만 조심하려고 하지 않았다면, 이들을 놀라게 하고 두렵게 만드는 행동을 더 많이 했을 거야."

"목덜미를 잡고 청동 받침대로 질질 끌고 가는 행동 같은 것 말이지요? 아, 물론 이해해요. 인간도 동물이니까 자신도 모르게 그런 행동을 할 수 있어요. 격렬한 감정이 앞서서 인간적인 행동을 해야 한다는 점을 잊을 때 흔히 그렇지요. 약육강식의 세계에서 진화한 동물적인 속성이 드러나는 거죠. 물론 인간적인 행동이라는 것도 동물로부터 진화한 것이지만요."

"네가 무슨 말을 하려는지 알겠지만, 중요한 점은 내 행동이 이들에게 공포심을 심어 주는 것이 아니라는 거야. 즉 이들은 내가 오기

이전부터 공포심을 지니고 있었어. 멀록에게 말이야. 그래서 우물과 청동 받침대에 가지 않으려 한 거지. 그런데 왜 멀록을 두려워하는 걸까?"

"여러 가지 이유가 있겠지요. 멀록이 일로이의 동족이기 때문일 수도 있어요. 비슷하면서도 더 강하게 생긴 인류지요. 선생님 시대에는 유인원을 악마라고 생각했지요? 훨씬 이전에 현생 인류도 비슷하면서도 더 강한 신체를 지녔던 네안데르탈인에게 비슷한 두려움과 적대감을 가졌을지 몰라요."

"이건 그런 사례와 달라. 비슷한 종족에게 적대감을 갖는 것은 근본적으로 그들이 자신과 같은 자원을 이용하기 때문이지. 땅이든 식량이든 주거지든 간에 말이야. 하지만 내가 볼 때 일로이와 멀록은 이용하는 자원이 겹칠 일이 거의 없어. 한쪽은 지상에 살고 다른 한쪽은 지하에 살지. 또 일로이는 채식주의자인 반면에, 멀록은 육식을

왜 인류가 두 종으로 나뉜 것일까?
일로이는 자본가, 멀록은 노동자의 후손일까?
모든 생산 시설이 지하로 들어가고
노동자들은 온종일 지하에서 사는 걸로 굳어졌을까?

하는 것 같아. 그렇다면 동족 혐오감을 가질 이유가 없지 않겠어?"

"그렇다면 멀록의 생김새 때문일까요? 흉측하게 생겼잖아요."

"하지만 무시무시하게 생겼다고 해서 그 정도로 두려워한다는 것은 말이 안 돼. 게다가 멀록은 일로이에게 의식주를 제공하고 온갖 자질구레한 일을 도맡아서 해. 한마디로 일로이가 살아가려면 꼭 필요한 존재지. 일로이도 알고 있을 거야. 그런데 왜 그렇게 두려워할까?"

그 순간 지하에서 본 어떤 장면이 떠올랐어요. 하지만 곧바로 그 생각을 떨쳐 버리고 다른 생각을 하려 애썼어요.

"그런데 대체 왜 인류가 두 종으로 나뉜 것일까?"

로봇은 고개를 저었습니다.

"분석할 자료가 너무 부족해요."

"나는 우리 시대에서 단서를 찾을 수 있을 것 같아."

"설마요. 80만 년이나 떨어져 있는데요?"

“일로이는 자본가의 후손이고, 멀록은 노동자의 후손이 아닐까? 지금도 양쪽의 차이가 작다고 할 수는 없지만, 어느 시점부터 더 확대되면서 고착된 것이 아닐까? 우리 시대에 인류는 지하 공간을 점점 더 많이 활용하게 되었어. 지하철, 지하 도로, 지하공장과 식당도 있지. 그런 경향이 점점 확대되어서, 모든 생산 시설이 지하로 들어갔다면? 그리고 노동자들이 온종일 지하에서만 생활하게 되었다면? 양쪽의 관계가 영구히 굳어져서 부유한 이들은 지상에서 편안히 생활하고 가난한 이들도 지하에서 사는 생활에 익숙해졌다면?”

“글쎄요. 너무 대담한, 아니 무모한 추측 같네요. 내가 살던 시대까지의 인류 역사를 볼 때 그렇게 양극화가 확대되는 것 같지는 않아요. 물론 그것도 겨우 1~2백 년에 불과한 역사지만요.”

로봇의 말에 개의치 않고 나는 추측을 이어갔습니다.

“과학 기술이 발전하면서 질병을 정복했을 거야. 가만두어도 같은

누구는 놀고 먹고,
누구는 지하에서 일만 하고….
인간이란 어쩔 수 없는 건가요?

상태를 한결같이 유지하도록 식물을 개량하며 자연도 정복했겠지. 인류는 자연에 맞서 승리를 거두었을 뿐 아니라, 동료 인간에게 맞서서도 승리를 거두었을 거야. 아마 인류의 성격까지 바꾸었겠지. 자신의 현재 상태에 만족하며 살아가도록. 그렇게 완성된 문명은 전성기에 이르렀다가 쇠퇴하기 시작했을 거야. 그러면서 인류도 쇠퇴해서 지금의 모습이 된 거지. 예전의 습성은 그냥 남아 일로이는 태평하게 즐기고, 멀록은 일로이를 먹여 살리면서 말이야."

"그것이 완성된 문명이라는 거예요?"

로봇의 지적에 나는 좀 찔렸습니다.

"전체적으로 보면, 아닐 수도 있겠지. 하지만 지하에 사는 이들이 대대로 살아오면서 그 생활을 긍정적으로 받아들이게 되었다면? 또 지하 생활을 계속하다 보니 지하에 적응해서 지상으로 올라갈 수 없게 되었다면? 그러면 그들도 행복하게 살아가지 않았을까?"

“물론 지상 생활을 동경하는 마음은 없어졌을 거고요?”

“그렇겠지. 어쨌든 빛이 없는 밤에는 올라가서 돌아다닐 수 있으니 그 정도로 만족하지 않았을까?”

“행동만 무모한 줄 알았더니, 생각도 무모하네요. 하긴 그러니까 타임머신을 발명했겠지만요.”

“그럼 더 좋은 생각 있어?”

“자료가 부족하다니까요. 저는 빈약한 자료로 무모한 추측을 하도록 설계되어 있지 않아요. 모르지요. 혹시 이 세계에 박물관이나 기록 보관소 같은 곳이 남아 있다면, 더 근거 있는 추측을 할 수도 있겠지요.”

그런 곳이 있나 생각해 보다가 아직 가 보지 않은 곳이 하나 떠올랐습니다. 청자처럼 푸른 색깔을 띤 건물이었지요.

끔찍한 진실

꼭 박물관이나 기록 보관소를 찾겠다는 이유만은 아니었어요. 지하에 다녀온 뒤로 나는 줄곧 불안감에 휩싸여 있었지요. 무엇보다도 걱정스러웠던 것은 멀록이 내 존재를 확실히 알게 되었다는 사실이었어요. 이제 그들도 나를 명백히 위험 요인이라고 보고 있지 않을까요? 그렇다면 나를 없애러 올 가능성도 있었지요.

지금까지는 달이 밝아서 멀록들이 밤에도 확 트인 곳을 다니기가 힘들었을 거예요. 하지만 이제 그믐날이 다가오고 있었어요. 그믐달이 떠서 어두컴컴한 밤이 되면, 그들도 얼마든지 나를 찾아서 돌아다닐 수 있을 것 같았어요. 따라서 더 안전한 곳을 찾아야 했습니다. 몸을 지킬 만한 무기를 찾아낸다면 더욱 좋고요.

그렇게 두려움에 떨다가, 문득 내가 이 세계의 나약한 일로이들과 나를 동일시하고 있다는 생각이 들었습니다.

나는 이들보다 더 강해!

나는 정체 모를 대상을 향해 겁을 먹고 지레 피하는 무력한 존재가 아니에요. 게다가 상대가 어떤 존재인지도 알아냈어요. 상대를 파악하고 나면 어느 정도는 두려움이 가시기 마련이지요. 그런 사실을 깨닫고 나니 다시 용기가 생겨났습니다.

하지만 좀 더 안심하려면 미리 대책을 세워야 했지요. 안전한 거처를 마련하고 무기를 찾아낸다면 나 자신을 충분히 지킬 수 있지 않겠어요?

나는 먼저 템스 강 유역 쪽을 둘러보았어요. 마땅한 곳이 없었습니다. 깊은 우물을 쉽게 오르내리는 것을 볼 때, 멀록은 어디든 쉽게 올라갈 수 있을 거예요. 그러니 높은 나무 위나 건물 위도 소용이 없겠지요. 결국 청자색 건물에 가 보기로 했어요.

멀리서 볼 때는 십여 킬로미터쯤 떨어져 있겠거니 생각했어요. 그래서 처음에는 여유를 좀 부렸지요. 하지만 실제로 걸어서 가다 보니 30킬로미터는 되어 보였습니다. 게다가 한쪽 구두의 뒤축이 망가지는 바람에 절룩거리며 걸어야 했지요.

물론 내 옆에는 위나가 따라붙었습니다. 처음에는 가면서 꽃을 따는 등 즐거워했어요. 그러다가 오래 걸으니 지쳐서 돌아가고 싶어 했지요. 하지만 나는 안전한 곳을 찾고 싶었습니다. 게다가 날이 저물고 있었지요. 돌아가기에는 이미 너무 멀리 와 있었습니다.

사방은 아주 고즈넉했어요. 멀리 구름 한두 점이 떠 있을 뿐, 한없이 펼쳐져 있는 하늘 저편으로 저녁놀이 지고 있었습니다. 멋진 풍경이었어요. 상황이 이렇지 않았다면, 가슴을 설레게 하는 이 분위기에 마음껏 젖어 들었겠지요. 이 멋진 풍경조차 마음껏 감상할 수 없다니요. 내가 생각했던 미래 여행과는 정말 딴판이었습니다.

주위가 점점 어두워져 갈수록 내 정신은 점점 날카로워졌어요. 발밑에 그물처럼 뻗은 지하 터널이 눈앞에 보이는 듯했어요. 그 속에서 어둠이 깔리기를 기다리면서 서성거리고 있는 멀록들도요. 그들은 자신들의 세계에 침입한 내 행동을 선전 포고로 받아들이지 않았을까요?

걷는 동안 해가 지평선 아래로 사라졌고, 서녘 하늘도 완전히 어두워졌어요. 땅바닥도 나무도 검게 물들었고, 하늘에는 별이 하나둘 나타났어요. 위나는 피로와 두려움에 벌벌 떨었어요. 나는 그녀를 껴안고 위로해 주었습니다. 이윽고 위나는 눈을 꼭 감은 채 내 목에 매달렸어요.

다음 언덕을 오르는데 울창한 숲이 앞길을 가로막았습니다. 이미 어두워진 터라 숲이 얼마나 넓은지 가늠할 수가 없었습니다. 끝없이 이어진 것 같았지요. 게다가 청자색 건물도 이미 보이지 않았습니다. 빽빽한 숲에 잘못 발을 들였다가 길이라도 잃으면, 혹은 나무뿌리에 걸려 넘어져서 다치기라도 한다면 곤란해질 것이 뻔했지요.

길이 막히자 갑자기 피로가 몰려왔어요. 더 이상 모험을 하지 말자고 결심했죠. 나는 주위가 잘 보이는 언덕 위에 자리를 잡았어요. 다행히 위나는 이미 깊이 잠들어 있었습니다.

나는 풀밭에 앉아서 밤하늘의 별을 바라보았습니다. 내가 알던 별자리와는 많이 달랐습니다. 새로운 밝은 별도 보였고요. 하지만 은하수는 그대로였습니다. 흐릿한 안개처럼 하늘에 길게 펼쳐져 있었습니다.

조용한 가운데 하염없이 별을 바라보고 있자니, 아등바등하는 내 모습이 참 하찮게 여겨졌습니다. 내 걱정거리도 보잘것없게 느껴졌지요. 어쩌면 시간 여행을 했다는 것 자체만으로도 기뻐해야 하지 않을까요? 아무도 못한 일을 해냈다는 것 자체로 만족할 수도 있지 않을까요?

사실 시간 여행이 가능함을 증명하는 것이 내 목표가 아니었을까 하는 생각이 들었습니다. 어느 시대로 가서 무엇을 보고, 누구를 만나 보고, 어떤 일을 하겠다는 구체적인 생각 따위는 전혀 하지 않았던 거지요. 오로지 시간 여행을 한다는 원대한 목표만을 염두에 두고서 몇 년 동안 고생을 해서 타임머신을 만든 거였지요. 그리고 그 타임머신으로 시간 여행을 했고요.

그 점만 생각하면 목표를 달성한 것이라고 할 수 있었어요. 내 스스로 그 사실에 만족하기만 한다면요. 하지만 현실의 나는 그렇지 못했습니다. 생각지도 못하게 당도한 이 세계에서 실망하고 절망하고 위험을 자초하고 있었지요. 다시 돌아가기 위해 발버둥을 치고 있고요. 내가 본래의 목표를 잊은 것일까요? 아니면 목표를 달성하고 나니 저도 모르게 새로운 목표에 매달리고 있는 것일까요? 다시 돌아가겠다는 목표에 말이지요.

나는 왜 돌아가고 싶어 하는 것일까요? 내가 살던 시대가 좋아서요? 동료들에게 시간 여행을 했다고 자랑하고 싶어서요? 아니면 이 시대가 마음에 안 들어서일까요? 아니면 멀록에게 위험을 느껴서일까요? 사실 달빛조차 없는 날을 제외하면 멀록에게 위험을 느낄 일이 거의 없을 텐데 말입니다.

빠져들 것같이 드넓게 펼쳐진 밤하늘을 올려다보고 있으려니, 내 마음도 한없이 넓어지는 것 같았습니다. 그러면서 두려워하고 혐오하고 경멸하는 등의 온갖 감정을 쏟아 내면서 날뛰던 내 모습이 너무나 초라하게 느껴졌습니다. 저 드넓은 하늘 위에서 바라보는 개미의 모습이 그러할까요?

문득 지구의 세차 운동이 떠올랐습니다. 흔들리는 팽이처럼 지구가 중심축에서 조금 벗어난 채로 자전을 하는 것을 가리키지요. 자전축이 중심축 주위를 한 바퀴 도는 데에는 약 2만 5천 년이 걸립니다. 따라서 이 시대에 이르기까지 자전축은 40번도 채 돌지 않은 셈이지요. 그 사이에 인간이 이루었던 모든 것이 사라졌어요. 문명도, 사회조직도, 국가도, 법도, 문학도, 인간의 야심이나 의욕도요. 아니 그런 것들이 있었다는 기억조차 사라졌어요. 얼마나 허무한 일인가요?

남은 것은 그저 아무 생각 없이 태평하게 살아가는 작은 인간들과 섬뜩한 지하 인간뿐이지요. 퍼뜩 어떤 깨달음이 찾아왔습니다. 일로이의 편안한 생활과 두려움, 지하의 커다란 고깃덩어리, 어둠…. 이 모든 것이 하나로 연결되더군요. 멀록이 먹는 고기는 바로 일로이였던 겁니다. 갑자기 등줄기가 오싹해지면서 온몸에 소름이 돋았습니다. 나는 잠든 위나를 내려다보았습니다. 너무나 여리고 가엾다는 생각이 들었습니다.

우리는 무사히 밤을 보낸 뒤, 아침에 다시 청자색 건물을 향해 걸음을 옮겼습니다. 도중에 일로이들도 만났습니다. 그들은 한결같이 웃고 떠들면서 춤추고 돌아다녔지요. 하지만 그들을 보는 내내 내 머릿속에서는 고깃덩어리가 떠올랐습니다. 바로 일로이의 시체가요.

멀록이 그저 과거에 해 왔던 습관 때문에 일로이에게 필요한 것들을 제공하고 있다는 내 생각은 틀렸던 거예요. 그런 섬뜩한 존재가 아무 대가도 없이 일로이를 돌봐 주고 있다고 생각했다니! 너무나 어처구니가 없었습니다. 뻔히 눈앞에 여러 가지 단서들이 있었음에도 알아차리지 못하다니요.

멀록은 일로이를 돌봐 주는 대신 대가를 받고 있었습니다. 바로 고기였지요. 더 냉정하게 말하자면, 멀록은 일로이를 사육하고 있었어요. 먹을 것을 비롯해서 필요한 것들을 주면서 잘 자라게 한 뒤에 때가 되면 잡아먹고 있었지요. 멀록은 사육사였고, 일로이는 가축과 다름없는 존재였던 겁니다.

인류가 어떻게 이런 지경에 이르게 된 것일까요? 나는 섬뜩하고 불쾌한 감정을 억누르면서 최대한 냉정하게 과학적으로 분석하려 애썼습니다.

아마 어느 시점에 이르러서 멀록에게 식량이 부족해졌을 겁니다. 그러자 멀록은 지상의 동물들을 모조리 잡아먹었을 테지요. 쥐까지도요. 잡기 힘든 새들만 좀 남았겠지요. 결국 거의 모든 동물이 사라졌을 테고, 일로이만 남았을 겁니다. 멀록이 일로이에게 입맛을 들이는 것은 그리 어려운 일도 아니었겠지요. 인류 역사를 보면 식인종이 종종 있었으니까요.

나는 일로이들을 물끄러미 바라보았습니다. 그동안 아무 걱정 없이 즐겁게 놀고 있는 저들의 겉모습만 보고 있었던 거지요. 이제 저들을 볼 때마다 즐거운 모습과 끔찍한 고깃덩이의 모습이 겹치곤 했어요. 결국 저들도 행복했던 조상들이 살던 그대로 살아가는 존재가 아니었습니다. 상황이 변한 것이지요. 안타깝게도 저들은 아직 그 사실을 알아차리지 못했을 뿐이고요.

하긴 저들만 그런 것이 아니겠지요. 자신이 처한 상황을 늘 제대로 인식하면서 살아가는 사람이 얼마나 되겠어요? 우리 시대의 사람들도 대부분 세상이 어떻게 변하고 있는지 전혀 알아차리지 못한 채 살아가지요. 그저 예전에 하던 그대로 행동하면서요. 지난 뒤에야 비로소 뒤늦게 세상이 달라졌다는 것을 깨닫지요. 그런 뒤에도 대개 옛날을 그리워할 뿐이에요. 하긴 일로이야 옛날 따위는 기억도 못하겠지만요.

나는 이 상황을 인류가 과거에 저지른 행위의 대가를 치르는 것일 뿐이라고 생각하려 애썼어요. 그러면 끔찍하고 처참한 심정에서 좀 벗어날까 싶어서요. 지상에서 귀족처럼 살던 인류는 지하에 살던 인류를 오랜 세월 뻔뻔스럽게 계속 부려 먹은 것인지도 몰라요. 지상 생활을 하는 인류와 지하 생활을 하는 인류로 영구히 나뉜 뒤로 계속 그래 왔던 것이 아닐까요?

땅 위의 인류는 지하에 사는 이들이 누구인지조차 잊어버렸을 수도 있어요. 필요한 것들이 알아서 계속 제공되기만 한다면, 지하에서 누가 어떤 일을 하는지 굳이 알 필요가 없겠지요. 기차가 고장 나지 않고 제시간에 도착하고 전기가 필요할 때 잘 공급된다면, 대부분의 사람들은 기차가 어떻게 움직이는지 전기가 어떻게 생산되는지 아예 모르게 될 거예요. 편리하게 이용하는 방법만 알고 있으면 그만이지요.

게다가 일로이는 세상이 어떻게 돌아가는지 깊이 살펴보고 따지고 할 지성조차 잃었어요. 자신에게 편의를 제공하는 지하의 인간을 배려한다는 것 자체가 불가능해진 거예요. 그런 상황에서 멀록이 자구

책을 찾은 것을 과연 비난만 할 수 있을까요?

하지만 아무리 그렇게 생각하려고 해도 나는 멀록 편을 들 수가 없었어요. 살진 소나 다름없는 존재로 전락한 일로이를 경멸하려고도 해 보았어요. 하지만 도저히 그럴 수가 없었어요. 탐구하고 자기 발전을 추구하는 성향을 잃고 지능조차 낮아졌다고 해도, 이들이 인간이라는 점은 분명했어요. 게다가 저 혐오스럽게 생긴 멀록보다 훨씬 더 우리를 닮은 모습이었지요.

일로이와 멀록 중에서 누구를 도울지 선택을 하라고 한다면 누구나 같은 선택을 하지 않을까요? 아무래도 나 자신을 더 닮은 존재에게 마음이 기울지 않겠어요? 설령 그것이 겉모습에 불과하다고 할지라도요.

문득 나 자신, 아니 우리 시대의 인류가 일로이와 멀록 중 어느 쪽을 더 닮았을까 하는 의문이 떠올랐어요. 겉모습이 아니라 본성과 행동 면에서요. 그 점을 생각하니 점점 더 비참한 기분이 들었어요. 아무래도 우리 시대의 인류는 일로이보다 멀록을 더 닮았다는 생각이 들었거든요.

우리는 멀록처럼 가축을 사육하고 육식을 해요. 또 일로이처럼 아무 일도 안 하고 태평스럽게 놀기만 하면, 게으름뱅이라고 손가락질을 하지요. 멀록처럼 음흉한 행동도 많이 하지요. 타임머신을 훔쳐 간 멀록처럼 남의 물건을 훔치는 행동도 우리 사회에서 흔히 볼 수 있고요. 혹시 내가 타임머신을 잃어버렸다고 밤새 고함을 치고 난리를 칠 때, 일로이들은 나를 멀록과 비슷한 존재로 여기지 않았을까요? 그들이 그런 판단을 할 능력이 있다면요.

일로이야말로 정말로 연약한 존재라는 생각을 하니 그들이 더욱 가엾게 여겨졌어요. 너무나 비참한 그들의 말로가 저절로 떠올랐으니까요. 그러자 이들을 이대로 놔둘 수 없다는 생각이 솟구쳤어요. 이 세계에서 벌어지고 있는 일을 깨닫고 나니, 도저히 더 이상 방관자로 남아 있을 수가 없었어요.

우선 은신처를 찾아야 했어요. 그리고 무기를 만들어야 했지요. 돌로 만들든 금속으로 만들든 간에 멀록을 격퇴할 무기가 필요했어요. 가장 필요한 것이 무엇일지 떠올랐어요. 바로 불이었지요. 불이야말로 멀록에게 가장 효과적인 무기였어요. 횃불을 만들 수만 있다면, 어두운 곳에서도, 밤에도 멀록을 충분히 물리칠 수 있겠지요.

또 필요한 것이 있었어요. 타임머신이 들어가 있는 청동 받침대의 문을 열 도구였죠. 쇠로 된 지렛대나 커다란 망치 같은 것이 필요했어요. 나는 타임머신이 아직 그 안에 있을 것이라고 추측했어요. 그 안에 거대한 통로가 있지 않은 한, 멀리까지 운반할 수가 없을 테니까요. 물론 그들이 분해를 했다면 이야기가 달라지겠지만, 그런 최악의 상황까지 생각하고 싶지는 않았어요.

타임머신은 거기 있는 것이 분명해!

근거 없는 기대에 불과할지도 모르겠지만, 그렇게 믿고 싶었어요. 문을 열고 환한 횃불을 들고 들어간다면, 타임머신을 되찾을 수 있을 것 같았어요. 그러면 이 시대를 벗어날 수 있겠지요.

나는 위나를 바라보았어요. 그리고 결심했어요. 이 시대를 떠날 때 위나를 데리고 가겠다고요. 위나를 우리 시대에 살게 할지, 아니면 교육을 시켜서 다시 이 시대로 데려올지는 그때 가서 생각해 봐야 하겠지만요. 어쨌거나 그것이 일로이를 돕는 방법 중의 하나가 될 수 있지 않을까 하는 생각이 들었습니다.

박물관에서

"와! 박물관이 맞아요!"

로봇이 기뻐하는 투로 말했습니다. 왠지 로봇이 점점 인간적인 감정을 지니려고 애쓰는 것처럼 느껴졌어요.

청자색 건물의 표면은 진짜 도자기였습니다. 군데군데 깨져 있었지만 말이에요. 커다란 문은 부서져 있었고, 안에는 거대한 전시관이 있었지요.

"먼지가 수북한데? 온전히 남아 있는 것이 있을까?"

바닥의 타일에도, 전시품에도 먼지가 가득 쌓여 있었지요.

"저것 봐요! 동물 뼈예요."

전시관 한가운데에 정체 모를 동물의 뼈가 세워져 있었어요. 머리뼈는 떨어져서 바닥에 뒹굴고 있었지요.

"공룡도 있을 거예요."

"공룡?"

내가 묻자 로봇은 신이 나서 말했어요.

"네. 여기는 자연사 전시관 같으니까 당연히 공룡 화석이 있겠지요. 공룡 화석이 없는 박물관은 팥 없는 붕어빵이나 마찬가지예요."

팥 없는 붕어빵이 무슨 뜻인지 몰랐지만, 그냥 넘어가기로 했습니다. 좀 더 들어가니, 로봇 말대로 정말 거대한 공룡 화석이 있었어요.

"브론토사우루스네요. 이런 뼈가 아직까지 남아 있다니!"

감탄하면서 바라보는 로봇을 뒤로하고 주변을 둘러보았습니다. 한쪽 선반에 쌓인 먼지를 털어 보니 진공 처리가 된 듯이 속에 온전한 진열품이 담긴 상자들이 나왔어요. 반갑게도 우리 시대의 물품들이었어요. 하지만 자세히 보니 대부분 삭아 가고 있더군요.

이곳에서 못 보던 물품들을 다시 보니 반갑기도 하고 신기하기도 해서 정신없이 둘러보았어요. 위나는 한쪽에서 놀고 있었고요. 로봇은 여기저기 날아다니면서 살펴보고 있었어요. 아마 기록하는 모양

이었습니다.

그러다가 건물의 크기를 볼 때, 생물 전시관 외에 다른 전시관도 있을 것이라는 생각이 떠올랐어요.

"역사 기록관이나 도서실도 있지 않을까? 가 보자고. 지금 우리에게는 그쪽이 더 필요해."

"맞아요. 빨리 가 봐요."

가는 도중에 작은 전시실이 보였어요. 언뜻 보니 광물 표본들이 전시되어 있었습니다. 유황 덩어리와 초석, 질산염을 찾으면 화약을 만들 수 있겠다는 생각이 들어 살펴보았으나 없더군요. 이미 자연적으로 분해되어 사라졌을지도 모르지요.

우리는 계속 걸어갔어요. 동식물 전시관이 보였지만 엉망진창이었어요. 온전한 것이 거의 없었습니다. 원래는 동물 박제였겠지만 말라 비틀어지고 시꺼멓게 변한 것들도 보였어요. 통에 담겨 있던 알코올

이 다 증발해서 미라가 되어 버린 표본들, 거의 먼지가 되다시피 한 식물 표본도 보였지요. 하지만 로봇은 하나하나 자세히 들여다보았습니다. 기록으로 남겨 두어야 한다는 사명감에 불타는 듯했어요.

나는 로봇을 집어 들고서 다음 전시관으로 향했어요. 거대한 기계들이 가득한 방이었지요.

"와!"

로봇은 탄성을 지르면서 내 손에서 벗어나 기계를 향해 달려갔어요. 나도 기운이 솟는 것을 느꼈어요. 타임머신을 만들긴 했지만, 사실 나는 기계를 잘 모릅니다. 하지만 왠지 이 가운데 멀록을 공격할 때 쓸 만한 기계가 있을 것 같았어요.

"기계를 잘 알아?"

로봇에게 묻자 로봇은 고개를 저었어요.

"기계를 움직여서 무언가를 할 수 있냐는 의미로 물은 것이라면 아

저건 재료가 없고,
이건 고장 났고….
모두 무용지물

니에요. 내가 어떤 일을 하는지 말했잖아요. 대량의 자료를 분석해서 의미를 찾아내는 일을 한다고요."

나는 실망해서 물었지요.

"그럼 이 기계들이 아무 소용이 없다는 거네?"

"꼭 그렇지는 않아요. 분석을 해서 이 기계들이 어떤 것인지, 어디에 쓰이는지, 어떤 원리로 움직이는지 추측해서 알려 드릴 수는 있지요."

"한마디로 움직이는 일은 다 내 몫이라는 거네?"

"맞아요."

우리는 기계들을 하나하나 살펴보았어요. 자세히 보니 망가지거나 고장 난 것이 많았어요. 녹슨 것들도 많았지요. 그래도 멀쩡해 보이는 것들이 꽤 있었어요. 왠지 기대감을 품게 했지요. 아무튼 망가졌든 그렇지 않든 간에, 새로운 기계들을 구경하는 것은 재미있었어요. 박물

관이 본래 그런 곳이잖아요? 신기한 물건들을 가득 진열해 놓고 관람객들이 넋을 놓고 구경하게 만드는 곳이요.

"이 기계는 어떤 화학 물질을 만드는 것 같은데, 원료가 없으니 무용지물이네요."

로봇은 기계를 하나하나 살펴보면서 설명을 했어요.

"흠, 이건 삼차원 프린터인데, 고장 났고요."

그냥 고장 난 것도 있었고, 원료가 없는 것도 있었어요. 멀쩡하긴 하지만 연료나 전원이 없어서 못 쓰는 기계도 있었고요. 로봇조차 어떤 용도인지 알지 못하는 기계도 있었지요. 그렇긴 해도 우리는 실망하지 않고 계속 둘러보았어요. 이런저런 기계 장치를 구경하는 재미에 빠져 어느새 우리는 이곳에 온 목적을 잊고 있었습니다.

그러다가 문득 위나의 걱정스러운 표정이 눈에 들어왔습니다. 그제야 나는 알아차렸지요. 어느새 햇빛이 약해져 있다는 것을요. 아직

둘러보지 않은 곳도 많고, 찾고자 하는 것들도 전혀 못 찾았는데 말입니다. 정신없이 기계를 살펴보던 로봇도 이런 상황을 눈치챘어요.

"저기 봐요. 발자국들이에요."

저 앞쪽 어두운 곳에 발자국들이 잔뜩 나 있었어요. 멜록이 출몰하는 곳 같았어요. 그쪽은 아주 어두컴컴해서 당장이라도 멜록이 나타날 것 같은 기분이 들었지요. 뒤늦게 쓸모없는 기계들을 살펴보느라 너무 많은 시간을 허비한 것을 후회했습니다.

"너라도 정신을 차리고 있었어야지!"

나는 로봇을 타박했어요. 로봇은 새쭉한 어투로 말했어요.

"나 같은 로봇은 쓰는 사람을 닮아 가는 법이에요. 학습을 통해 진화하도록 설계되었으니까요."

그때였어요. 어둠 속에서 무슨 소리가 들렸어요. 우물 속에서 들었던 소리와 비슷했어요. 나는 재빨리 위나의 손을 움켜쥐었어요. 하지

만 곧 어떤 생각이 떠올랐어요. 나는 위나를 두고 지렛대가 달린 기계를 향해 달려갔습니다.

위아래로 움직이게 되어 있는 지렛대를 옆으로 힘껏 밀었어요. 혼자 남겨진 위나가 울기 시작했지만, 지렛대를 밀고 잡아당기고 하면서 계속 힘을 썼어요. 일 분쯤 지났을까요.

툭.

지렛대가 끊겼어요. 나는 그 쇠막대기를 들고 휘둘러 보았어요. 멀록의 머리라도 쉽게 박살 낼 수 있을 것 같았습니다.

"좋았어."

무기를 드니 갑자기 기운이 솟구쳤어요. 정말로 멀록을 죽이고 싶은 마음이 마구 샘솟았어요.

"공격 성향!"

때맞춰 나온 로봇의 말에 나는 멈칫했어요. 로봇이 그 말을 하지

공격성은 인간의 가장 오래된
본능으로 생존에 필요하지만,
이성적인 판단을 막아요.

않았더라면, 어둠 속으로 뛰어들어서 쇠막대기를 마구 휘둘렀을지도 모르겠어요.

"무기를 드니 공격성이 확연히 드러나네요. 공격성은 인간의 가장 오래된 본능 중 하나지요."

"그래서?"

내 입에서 나온 말이지만, 정말 싸늘하게 들렸어요. 위나도 움찔했을 정도로요.

"공격성은 생존을 위한 것이지요. 살아남으려면 싸워야 하니까요. 하지만 공격 성향이 앞으로 나서면 이성적인 판단을 못하게 돼요. 본래 인간의 뇌가 그렇게 구성되어 있거든요. 위기 상황에서는 일단 싸우고, 생각은 나중에 하도록요."

그 말을 듣자 로봇이 무슨 말을 하려는지 깨달았어요. 멀록이 보이지도 않는데 나는 무턱대고 달려들기부터 하려고 했던 거지요. 나는 일단 마음을 가라앉히려 애썼어요.

그러자 내가 무모한 짓을 할 뻔했다는 사실을 깨달았어요. 위나 생각을 못했던 거예요. 내가 달려들어 멀록과 싸운다면? 당연히 위나에게 달려들 멀록들도 있겠지요. 그러면 위나를 지킬 수 없을 테고요. 또 내가 먼저 공격한다면, 멀록들이 화가 나서 타임머신을 부술 수도 있고요.

"말려 줘서 고마워."

나는 로봇에게 감사를 표하고, 그 방을 나왔어요. 쓸모없는 기계들에 더 시간을 빼앗기기 전에요.

다음 전시관은 더 컸어요. 벽마다 선반들이 죽 늘어서 있고, 그 위에 갈색 더미 같은 것들이 쌓여 있었어요. 다가가서 보니 책이었어요. 삭아서 먼지로 변한 책들이었지요.

"알아볼 수 있는 것이 전혀 없네요. 정말 허무해요. 이 엄청난 지식

이 말 그대로 먼지로 변하다니….”

내 심경도 로봇과 똑같았습니다. 인류 문화의 종말을 보는 느낌이었지요. 잘 살펴보니 온전해 보이는 책도 있긴 했어요. 하지만 손을 대는 순간, 파삭 하고 부서지면서 먼지로 변했어요. 겉모습만 유지할 뿐 완전히 삭아 있었던 거지요. 모든 것이 이 시대와 다를 바 없었습니다. 장엄한 발전을 이룬 인류 문명의 폐허만 남아 있다는 점에서요.

가치를 헤아릴 수 없는 엄청난 인류 유산을 먼지가 되도록 그냥 그대로 둔 일로이에게 잠시 분노가 치밀기도 했어요. 하지만 그보다는 인류 문명은 정말로 끝났구나 하는 허탈한 마음이 더 강했습니다. 이미 그렇다는 사실을 알고 있었음에도 먼지가 된 책을 보니 더욱 비통한 심정이 되었지요. 모든 것이 사라져도 지식의 전수 수단인 책만 남아 있다면, 얼마든지 인류 문명을 재건할 수 있을 것이라고 생각했거든요.

하지만 계속 낙심하고 있을 시간이 없었어요. 서글픈 마음을 지우려 애쓰며 계단을 올라갔지요. 과학실 같은 곳이 나왔어요. 쓸모 있는 것이 있을 듯도 했어요. 나는 부서지지 않은 상자들을 잘 살펴보았습니다.

"이거야!"

성냥 한 갑이 있었습니다. 불을 붙여 보니 잘 붙었어요. 완벽하게 보존되어 있었지요. 나는 신이 나서 위나를 붙들고 춤을 추었지요.

"여기 좋은 것이 있어요."

로봇이 가리키는 곳을 보니 파라핀 덩어리 같은 것이 보였어요. 진열장을 깨고 냄새를 맡아 보니 장뇌였어요. 장뇌는 양초처럼 불꽃을 내며 타는 성질이 있어요. 휘발성 물질인데도 아직까지 남아 있다니요! 나는 장뇌를 주머니에 넣고서 다른 방으로 향했습니다.

"바로 여기야. 무기야! 무기가 있어!"

나는 환호성을 질렀어요. 도끼, 칼, 권총, 소총 등 온갖 무기가 진열되어 있었어요. 하지만 살펴보니 총기류는 다 무용지물이었어요. 화약이나 탄알이 전혀 없었거든요. 나는 칼이나 도끼를 가져갈까 고민했어요. 한 손으로 횃불을 들어야 하니, 무기는 한 손으로밖에 쓸 수 없었지요.

"고민되네. 칼이 더 나을까?"

하지만 떼 지어 몰려드는 멀록들을 상대하려면 마구 휘두를 수 있는 무기가 더 좋을 것 같았어요. 나는 고민하다가 그냥 쇠막대기를 들기로 했지요. 아쉽지만 다른 무기를 포기해야 했습니다.

더 둘러보는데 눈에 확 띄는 것이 있었어요.

"앗, 다이너마이트다!"

갑자기 기운이 치솟았어요. 다이너마이트가 있다면 멀록을 두려워할 필요가 전혀 없었어요. 우물에 한두 개 던져 넣기만 해도 멀록들

은 감히 올라올 생각을 못할 테니까요. 게다가 청동 받침대도 단번에 열 수 있을 테고요.

"가져가자."

그러나 로봇이 말렸습니다.

"일단 터지는지 확인부터 해야죠."

맞는 말이었어요. 다이너마이트를 보고 너무 흥분한 나머지, 또 실수를 할 뻔했지요. 정작 필요한 상황에서 터지지 않는다면 큰일일 테니까요.

위나에게 귀를 막으라고 신호를 했어요. 위나는 또 다른 재미있는 장난으로 여기는 듯했어요. 나는 심지에 불을 붙인 뒤, 전시실 구석으로 던졌어요. 그런 뒤 귀를 막고서 몸을 웅크렸지요. 하지만 시간이 지나도 다이너마이트는 터지지 않았어요.

"불발이네. 하나 더 던져 볼까?"

"저것부터 살펴보는 것이 낫지 않을까요?"

로봇의 말대로 다이너마이트를 던졌던 곳으로 가서 터지지 않은 다이너마이트를 집어서 살펴보았지요.

"심지는 분명히 다 타 들어갔는데? 이런!"

다이너마이트를 자세히 살펴본 나는 실망을 금치 못했어요. 진짜가 아니라 모형이었던 거예요.

"하긴 박물관에 진짜 다이너마이트를 전시한다는 게 말이 안 되지."

갑자기 기운이 축 처지긴 했지만, 우리는 박물관을 계속 둘러보았어요. 하지만 한번 크게 실망하고 나니, 아까처럼 들뜬 기분으로 신기해하면서 돌아보고 싶은 마음이 싹 가셨습니다. 게다가 오래 걸어서 피곤하기도 했고요.

이윽고 우리는 박물관 안뜰로 나왔어요. 과일나무가 있었습니다.

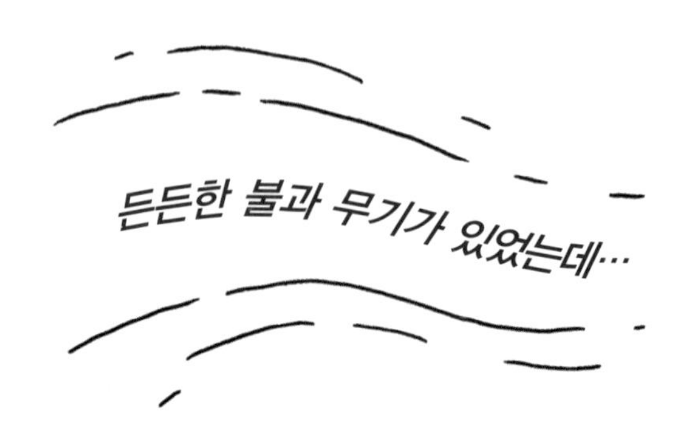

우리는 과일을 따 먹으면서 잠시 쉬었어요. 다행히 해는 지지 않았지만, 아직 은신처를 찾지 못했다는 생각이 떠올랐어요. 하지만 그다지 걱정되지 않았어요. 든든한 불과 무기가 있었으니까요.

"그냥 탁 트인 곳에서 불을 피우는 편이 나을 것 같아. 멜록들이 다가오면 미리 알 수 있잖아. 위험하면 피하기도 좋고."

로봇은 찬성하지 않았어요.

"불빛이 오히려 멜록에게 위치를 알려 주는 꼴이 되지 않을까요?"

"알아도 상관없어. 불만 잘 피우면 다가오지 못할 테니까."

"하지만 모닥불을 꺼트리지 않으려면 밤새 깨어 있어야 하잖아요. 틈틈이 나뭇가지 같은 것을 넣으면서요."

로봇의 말에 나는 장담했어요.

"괜찮아. 하룻밤 정도야 얼마든지 새울 수 있어. 연구에 몰두할 때면 종종 하던 일이야."

하지만 나는 내가 망가진 신발을 신고 이틀 동안 걸었고, 그 전에도 며칠 동안 잠을 이루지 못했다는 사실을 무시했습니다. 원하던 불과 무기를 손에 넣은 기분에 휩싸여, 냉정하게 상황을 판단하지 못했어요. 결국 그런 잘못된 판단 때문에 처참한 대가를 치르게 되었지요.

멀록과의 전쟁

박물관을 나왔을 때 해는 지평선에 걸려 있었어요. 내가 세운 계획은 이러했어요. 어두워지기 전에 숲을 빠져나간 뒤, 적당한 곳을 골라 모닥불을 피우는 거예요. 불 때문에 멀록들은 다가올 수 없겠지요. 그렇게 하룻밤을 지내고 해가 뜨면 일찍 스핑크스가 있는 곳으로 가서 쇠막대기로 문을 열고 타임머신을 되찾는 거였죠.

걸어가면서 나는 잔가지와 마른풀을 주워 모았습니다. 모닥불을 피울 때 쓰려고요. 이윽고 한 아름이 되었어요. 짐을 안고 가다 보니 생각보다 걸음이 느려졌어요. 위나는 이미 지친 상태였고, 나 역시도 마찬가지였지요. 게다가 졸음까지 마구 쏟아졌습니다.

그러다 보니 숲에 이를 무렵에는 이미 밤이 되었습니다. 위나는 겁을 먹고 숲에 들어가지 않으려 했지요. 나는 조급해졌어요. 벌써 뒤쪽의 어두운 덤불 쪽에 웅크리고 있는 세 개의 희끄무레한 덩어리가 보였어요.

우리 주변은 덤불과 웃자란 풀로 덮여 있었지요. 저들이 슬며시 다가오면 알아차리지 못할 수도 있었어요. 나는 숲을 빠져나가서 아무것도 없는 언덕 중턱으로 가는 편이 더 안전하지 않을까 생각했어요. 어젯밤에 그랬던 것처럼요.

아침에 숲을 지나온 시간을 생각할 때, 숲은 폭이 1.5킬로미터쯤 되는 듯했지요. 그 정도라면 성냥과 장뇌로 길을 밝히면서 갈 수 있을 것 같았어요. 하지만 성냥불을 켜서 들고 가려면 애써 모은 장작을 버려야 했어요.

고심하던 나는 할 수 없이 장작들을 내려놓았어요. 그때 문득 장작에 불을 붙여 뒤에 있는 멀록들을 깜짝 놀라게 하자는 생각이 들었습니다. 이왕 모았으니까요. 불을 피우면 뒤따라오는 멀록을 막을 수도 있고요.

나는 마른 나뭇잎에 불을 붙였어요. 불이 활활 타오르기 시작하자, 갑자기 위나가 불 속으로 뛰어들려고 했어요.

"안 돼!"

나는 위나를 붙잡았어요. 몸부림치면서 계속 불로 뛰어들려고 하는 위나를 꽉 붙잡고 있으면서, 이들은 불을 본 적이 없다는 사실이 떠올랐어요. 우리 시대의 자연환경을 생각하면, 불이 전혀 일어나지 않는다는 것이 말이 안 되었지요. 기후가 건조해지면 마찰로 불꽃이 일 수도 있잖아요? 또 번갯불이 쳐서 불꽃이 피어날 수도 있고요. 그런데 이 세계는 자연적인 불조차 전혀 일어나지 않았어요. 어떤 식으로인지 몰라도 기후가 조절되고 있는 모양이었습니다.

몸부림치는 위나를 껴안고 성큼성큼 숲 속으로 들어갔어요. 얼마간은 뒤의 불빛 덕분에 걸어가기가 수월했지요. 돌아보니 모닥불이 주변의 덤불로 번지고 있었어요. 멀록들이 허둥지둥할 것을 생각하니 통쾌한 기분이 들었습니다.

숲 속으로 들어갈수록 나무들에 가려서 불빛이 사라지면서 곧 사방이 컴컴해졌어요. 한 손으로 위나를 껴안고 다른 한 손으로 쇠막대기를 쥐고 있어서 불을 켤 수가 없었어요. 다행히 어둠에 눈이 익숙해져서 그럭저럭 부딪히지 않고 걸어갈 수 있었지요. 얼마나 걷고 있었을까요.

탁탁. 투둑.

주변에서 잔가지가 부러지고 낙엽 밟는 소리가 들리는 듯했지만, 나는 개의치 않고 계속 앞으로 나아갔어요. 소리는 점점 더 가까워졌고 이윽고 멀록들의 입에서 나오는 소리까지 들려왔습니다.

곧이어 멀록들이 팔을 잡고 옷을 잡아당기기 시작했어요. 위나는 벌벌 떨다가 그만 기절했는지 꼼짝도 하지 않았습니다. 나는 위나를 내려놓고 서둘러 주머니를 뒤졌어요. 빨리 성냥불을 켜야 했지요. 온몸에서 멀록들의 손이 느껴졌어요. 내 목을 만지는 녀석도 있었어요. 녀석들이 위나를 가만둘 리가 없을 것 같았어요.

치익!

확 하고 성냥불이 타올랐어요. 나는 불이 붙은 성냥을 좌우로 흔들었습니다. 달아나는 멀록들의 하얀 등이 보였어요. 그 사이에 재빨리 주머니를 뒤져서 장뇌 덩어리를 꺼냈지요. 성냥불이 약해지면 바로 불을 붙일 수 있게요.

아래를 내려다보니, 위나는 엎드린 채 꼼짝도 하지 않았어요. 몹시 걱정이 되어 허리를 굽혀 살펴보았어요. 다행히 숨은 쉬고 있는 것 같았어요. 그때 성냥불이 꺼질 듯해서 장뇌 덩어리에 재빨리 불을 붙인 뒤 땅에 던졌습니다. 장뇌가 불꽃을 일으키면서 활활 타올랐어요. 주변이 환하게 밝아졌지요.

나는 서둘러 위나를 안아 올렸습니다. 숲의 어두운 곳마다 멀록들이 숨어 있는 모양이었어요. 사방에서 수군거리는 듯한 소리가 들리는 듯했지요. 어서 이곳을 벗어나야 했어요. 나는 움직이기 쉽게 위나를 들어 올려서 어깨에 걸쳤어요.

그런데 아뿔싸!

정신없이 불을 켜고 멀록을 내쫓고 위나를 살펴보고 하다가 그만 방향을 잃어버렸습니다. 어느 쪽으로 가고 있는지 도무지 알 수가 없었어요. 엉뚱한 방향으로 간다면 체력과 시간만 낭비하는 꼴이 될 것이 뻔했지요.

어찌한다.

할 수 없이 그 자리에서 밤을 지새우기로 마음먹었어요. 멀록들에게 에워싸여 있었지만, 어쩔 도리가 없었지요.

나는 위나를 내려서 나무줄기에 기대어 놓았어요. 어느새 장뇌 덩어리가 거의 다 타 들어가고 있었습니다. 다급하게 잔가지와 낙엽을 긁어모았어요. 어둠 속에서 새빨갛게 빛나는 멀록들의 눈이 보였습니다.

그때 장뇌의 불이 꺼졌어요. 나는 재빨리 성냥을 꺼내 불을 붙였습니다. 그 짧은 순간에 두 녀석이 위나에게 접근하고 있더군요. 둘은 다시 불빛이 비치자 황급히 달아나기 시작했습니다.

눈이 부셔서 제대로 못 보았는지 한 녀석은 곧장 나를 향해 달려오더군요. 나는 주먹으로 녀석을 세게 쳤어요. 뼈가 부스러지는 느낌이 왔습니다. 녀석은 외마디 소리를 지르더니 풀썩 쓰러졌어요.

나는 또 하나의 장뇌 덩어리에 불을 붙인 뒤 계속 나뭇가지를 긁어모았어요. 그러다가 나무들이 말라 있다는 것을 알아차렸지요. 그래서 바닥에 떨어진 것을 줍는 대신에 위쪽에서 닥치는 대로 나뭇가지를 꺾어서 불을 피우기 시작했어요.

나뭇잎과 잔가지가 잘 말라서 금방 불이 붙었어요. 생가지가 섞여서 연기가 많이 나긴 했지만, 그쯤이야 참아야 했지요. 불을 피우고 나니 여유가 좀 생겨서 위나를 살펴보았어요. 위나는 여전히 꼼짝하지 않았어요. 몸을 흔들면서 깨우려고 했지만, 아무런 반응도 없었어요.

숨은 쉬고 있는지 확인하려는 순간, 갑자기 연기가 몰려왔어요. 장뇌 증기까지 함께 밀려드는 바람에 숨을 쉬기가 힘들었지요. 한참 콜록콜록 하고 나니 녹초가 된 느낌이었어요. 나는 위나 옆에 그냥 주저앉았어요.

위나는 괜찮을 거야.

나는 위나가 기절해 있는 편이 차라리 낫다고 생각했어요. 깨서 이 상황을 본다면 오히려 더 불편해질 테니까요.

모닥불을 보니 한 시간쯤은 버틸 것 같았지요. 그래서 잠시 쉬기로 했어요. 사방에서 속삭이는 듯한 소리가 끊임없이 들려왔어요. 하지만 접근하는 기미는 전혀 없었습니다. 시간이 흐르자 서서히 긴장이 풀리는 것이 느껴졌어요. 그리고 나도 모르게 졸음이 밀려왔어요.

얼마나 지났을까요. 누군가 나를 잡아당기는 바람에 퍼뜩 잠이 깼어요. 눈을 뜨니 주위는 어두컴컴했어요. 어느새 모닥불이 꺼져 있었던 겁니다. 그리고 나는 몰려든 멀록들에게 붙잡힌 상태였습니다. 나는 마구 몸부림을 쳐서 멀록들을 떼어 냈어요. 그런 뒤 재빨리 주머니를 뒤졌어요.

맙소사!

성냥갑이 사라지고 없었어요. 나는 아연실색했어요. 그때 멀록들이 다시 달려들었습니다. 그들은 내 목과 머리, 팔을 붙잡고 어디론가 끌고 가려 했어요. 갑자기 공포가 밀려들었지요.

이대로 끝인가? 죽는 것이 아닐까?

그들의 끈적거리는 손가락이 마치 거미줄처럼 달라붙는 듯했어요. 커다란 거미줄에 걸린 곤충이 된 느낌이었지요. 나는 몸부림을 치면서 계속 버텼지만, 결국 힘이 달려서 쓰러지고 말았어요.

누군가가 내 목덜미를 이빨로 물어뜯는 것이 느껴졌어요. 너무나 아파서 나는 온 힘을 다해 몸부림을 치면서 마구 굴렀어요. 그러다가 운 좋게도 바닥에 놓여 있던 쇠막대기에 손이 닿았어요. 갑자기 힘이 치솟았습니다.

나는 다시 한번 마구 몸부림을 쳐서 멀록들을 뿌리치고 벌떡 일어났어요. 그런 뒤 그들의 얼굴이 있을 만한 곳을 향해 쇠막대기를 힘차게 휘둘렀습니다. 쇠막대기가 닿을 때면 충격과 함께 멀록의 뼈와 살이 으스러지는 느낌이 왔습니다.

그럴 때마다 더욱 흉악한 기운이 솟구치는 듯했습니다. 몸속에서 피가 마구 날뛰고 있었고, 나는 폭력에 흠뻑 젖어 들었습니다. 내가 어떤 행동을 하는지 지켜보는 동료가 하나도 없는 이 세계에서 나는 폭력의 화신이 되어 있었습니다. 멀록을 마구 후려치는 중에 어쩌면 멀록이 아니라 그들의 뼈와 살을 으깨고 있는 내가 더 괴물일 수도 있겠다는 생각이 퍼뜩 스쳤습니다. 하지만 이것은 내 목숨을 건 싸움이었습니다. 멈출 수는 없었지요.

나를 에워싸고 있는 멀록이 몇 명인지 짐작도 할 수 없었습니다.

위나가 어찌 됐는지 알아볼 겨를도 없었지요. 사실 나는 위나와 나 자신이 이미 죽은 목숨이라고 판단했습니다. 내가 아무리 결사적으로 싸운다고 해도 결국은 힘이 다해서 쓰러지고 말겠지요.

그랬기에 몸을 돌보지 않고 더욱 마구 쇠막대기를 휘둘렀습니다. 한 명이라도 더 많이 저승길로 데리고 가겠다고요. 나는 정신없이 휘두르고 또 휘둘렀습니다. 귓가에는 멀록들이 소리치고 뛰어다니는 소리만이 가득했습니다.

불타는 숲

그렇게 얼마나 지났을까요? 뭔가 이상한 일이 벌어지고 있다는 느낌이 들었습니다. 멀록들은 더욱 흥분한 어조로 고함을 치고 있었습니다. 뛰어다니는 움직임도 더욱 빨라진 듯했어요. 그런데 휘두르는 쇠막대기에 부딪치는 녀석은 전혀 없었습니다. 웬일인지 멀록들이 내 곁으로 다가오지 않았습니다.

놈들이 결정적인 순간을 노리기 시작한 것일까요? 아니면 멀록들이 내가 무시무시한 존재임을 깨닫고 두려워하기 시작한 걸까요? 나는 손을 멈추고 어둠 속을 뚫어지게 쳐다보았습니다. 혹시 핏발 선 내 눈도 붉은 빛을 내뿜고 있지 않았을까요?

그런데 이상하게도 주위가 밝아지는 느낌이 들었습니다. 아직 한밤중인데도 말이지요. 나를 에워싸고 있는 멀록들의 모습이 희미하게나마 눈에 들어오기 시작했어요. 내 주위로 세 녀석이 쓰러져 있는 모습도 보였습니다.

그때 믿어지지 않는 일이 일어났습니다. 갑자기 멜록들이 달아나기 시작했습니다. 내 주위에 있던 멜록들만이 아니었어요. 좀 떨어져 어둠 속에 있던 멜록들도 달아나기 시작했고, 뒤쪽에 있던 멜록들은 내 앞으로 달려 나오더니, 내가 미처 어떤 행동을 취하기도 전에 나를 놔두고 그냥 앞으로 달려갔습니다.

나는 어안이 벙벙해져서 그냥 서 있었습니다. 내가 싸움에 이긴 것일까요? 이렇게 갑작스럽게요? 사라져 가는 멜록들의 뒷모습에서 눈을 떼어 하늘을 올려다보았습니다. 왠지 허탈해지려는 찰나, 멀리서 희끗 반짝이는 무언가가 보였어요.

"불티?"

그제야 나는 주위가 온통 나무 타는 냄새로 가득하다는 사실을 깨달았습니다. 곧이어 숲 한쪽이 환하게 밝아 왔어요. 거무스름한 나무줄기들 사이로 저쪽에서 불길이 치솟는 것이 보였습니다. 한참 전에 지폈던 모닥불이 번져서 엄청난 산불이 되었던 겁니다.

나는 서둘러 위나를 찾았습니다. 그런데 위나는 어디로 사라졌는지 보이지 않았습니다. 혹시 깨어나서 달아난 것일까요? 아니면 멜록들이 데려간 걸까요? 내가 정신없이 싸우다가 이동한 것일까요?

위나를 찾는 사이에 타닥타닥 나무들이 불길에 휩싸이는 소리가 점점 더 가까워졌습니다. 불길이 거침없이 빠르게 다가오고 있었습니다. 더 이상 머뭇거릴 겨를이 없었어요.

나는 쇠막대기를 단단히 움켜쥐고서 멀록들이 사라진 곳으로 뛰기 시작했습니다. 멀록이 아니라 불길과 생사를 가르는 경주가 벌어졌습니다. 도중에 오른쪽으로 빠르게 번진 불길을 황급히 피하기도 했지요.

얼마나 정신없이 뛰었는지 모르겠습니다. 가까스로 나무가 없는 빈터에 이르러서 한숨을 돌리려는 순간, 멀록 한 명이 뛰쳐나왔습니다. 멀록은 비틀거리면서 나를 향해 다가왔어요. 나는 쇠막대기를 휘두를 준비를 했습니다. 그런데 쇠막대기를 채 휘두르기도 전에 멀록은 내 앞을 그냥 지나치더니 곧장 불 속으로 뛰어들었어요.

곧이어 멀록이 불에 휩싸이면서 몸부림을 치는 광경이 눈에 들어왔습니다. 고통스럽게 내지르는 비명도 들려왔고요. 조금 전까지 멀록의 뼈를 으깨며 싸우긴 했지만, 불길에 휩싸여 비명을 질러 대는 멀록의 모습은 차마 볼 수가 없었습니다.

빈터 주위의 나무들이 온통 불길에 휩싸이면서 사방이 환해졌습니다. 빈터의 한가운데에 작은 언덕이 보였습니다. 그 너머는 숲이었는데, 그곳도 불길에 휩싸여 있었지요. 불길 한가운데 에워싸여 오도 가도 못하는 신세가 된 셈이었어요.

환한 불빛에 둘러보니, 나만 이곳으로 피신한 것이 아니었습니다. 언덕 중턱에 멀록 삼사십 명이 모여 있었습니다. 그들은 허둥지둥 돌아다니면서 서로 부딪치곤 했습니다.

나는 긴장해서 쇠막대기를 힘껏 움켜쥐었습니다. 이따금씩 한두 명이 내 쪽으로 다가왔습니다. 그럴 때마다 나는 그들을 후려쳤지요. 멀록 여럿이 다쳐서 쓰러졌습니다. 한 명을 죽이기까지 했지요.

그러다가 문득 나는 그들이 어떤 상황에 처해 있는지를 알아차렸습니다. 환한 불빛과 뜨거운 열기에 그들은 앞을 보지 못하고 있었어요. 그래서 무방비 상태로 허둥지둥 돌아다니고 있었던 거지요. 때로 불 속으로 뛰어들기도 했고요.

"이런, 처량하군."

나는 더 이상 그들에게 쇠막대기를 휘두르지 않았습니다. 내 쪽으로 다가오는 녀석이 있으면 몸을 피했지요.

나는 멀록들을 피해 주변을 돌아다니면서 위나가 있는지 찾아보았습니다. 여기에 와 있을 리가 만무했지만요. 혹시라도 정신을 차려서 달아나지 않았을까요? 멀록들이 붙들고 가다가, 불길 때문에 어딘가에 내려놓고 달아난 것은 아닐까요? 아니면 저 사나운 불길에 휩싸였을까요?

위나가 여기에 와 있을 가능성이 없다는 것을 알면서도 계속 돌아다니면서 주변을 살폈어요. 가만히 있다가는 속이 터질 것 같았지요. 그러다가 지쳐서 언덕 꼭대기로 올라가 앉았습니다. 사방에서 연기가 하늘 높이 솟아오르고 있었고, 그 사이로 가끔 별이 한두 개 보이곤 했습니다. 밑에서는 멀록들이 여전히 우왕좌왕하고 있었고요. 이

따금 내 쪽으로 오는 녀석들은 주먹을 휘둘러서 쫓아냈습니다.

그렇다고 내가 온전한 정신 상태를 유지하고 있었다는 것은 아닙니다. 멀록들과 생사를 건 싸움을 한 뒤, 불길에 휩싸이지 않으려고 정신없이 달아나야 했지요. 게다가 며칠째 뜬눈으로 밤을 지새우다시피 했고요. 하물며 이곳은 내가 살던 세계가 아니었습니다. 그런 상태에서 온전한 정신을 유지한다는 것은 불가능했지요.

사방에서 뜨거운 열기가 느껴지고 매캐한 연기에 숨이 턱턱 막혔습니다. 흉측하기 그지없던 멀록들은 불에 데고 나무에 찢긴 처참한 모습으로 어쩔 줄 몰라 하고 있었습니다. 시간이 흐르면서 유일하게 친했던 위나를 잃었다는 슬픔이 점점 북받쳐 오르기 시작했어요.

문득 이 모든 일이 꿈이 아닐까 하는 생각이 들었습니다. 악몽이 아니고서야 이런 무시무시한 일들이 한꺼번에 닥칠 리가 있겠어요? 나는 꿈에서 깨어나기 위해 입술을 깨물기도 하고, 고함을 치기도 하고, 땅바닥을 두드리기도 했습니다. 꿈이 아닌 줄 알면서도, 제발 꿈이기를 바라고 있었던 모양입니다.

멀록이 제정신으로 나를 보았다면, 미쳐서 발광하는 줄 알았을 겁니다. 하지만 불 속에 뛰어들지 않았다는 점에서 보면, 그나마 내 정신이 더 온전했다고 할 수 있지 않을까요?

그러는 사이에 시간은 계속 흘렀고, 이윽고 불길이 잦아들기 시작했습니다. 시꺼멓게 흘러가는 연기와 까맣게 탄 나무, 시뻘건 불길,

몇 명 남지 않은 멀록들 위로 조금씩 하늘이 밝아 오고 있었습니다.

나도 서서히 정신을 차리기 시작했습니다. 나는 위나가 있는지 다시 한번 둘러보았지만 보일 리가 없었지요. 멀록들이 숲 속 어딘가에 그녀를 버리고 달아난 모양입니다.

"잡혀 먹히지 않아서 차라리 다행일 거야."

나는 그렇게 중얼거리면서 스스로를 위로했습니다. 하지만 그것이야말로 자기기만에 지나지 않는다는 것을 잘 알았습니다. 이곳에 데리고 오지 않았더라면 위나는 무사했을지도 모릅니다. 그리고 나와 함께 우리 시대로 갈 수도 있었겠지요.

위나의 죽음이 내 탓이라는 생각과 멀록 탓이라는 생각이 머릿속을 쉴 새 없이 오갔습니다. 다시금 멀록들을 없애 버리고 싶은 충동이 치솟았습니다. 나는 쇠막대기를 꽉 움켜쥐고 멀록들을 내려다보았어요.

하지만 거기에 위나를 죽인 흉악한 멀록 따위는 없었습니다. 그저 강한 불빛에 눈이 멀고 여기저기 불에 덴 채 신음하고 있는 자들만 있을 뿐이었습니다. 쳐다보고 있자니 왠지 그들이 처량하게 느껴졌어요. 손아귀에 들어간 힘이 저절로 풀렸습니다.

따지고 보면 멀록도 인류의 후손이었습니다. 단지 오랜 세월 지하에서 생활하다 보니 모습이 흉측하게 변했을 뿐이지요. 식인종이 된 것은 살아남기 위해 어쩔 수 없이 그렇게 된 것이었고요.

그런데 왜 나는 저들을 혐오하고 일로이 편을 들게 된 것일까요? 일로이를 먼저 만났기 때문일까요? 아니면 외모 때문일까요? 일로이는 나약하고 귀엽고 호감이 가게 생긴 반면, 멀록은 소름 끼치게 창백하고 흉측하게 생겼지요. 그렇다면 나는 외모로 판단을 하는 속물적인 인간과 다를 바 없지 않을까요? 우리 시대의 많은 인간들이 그렇듯이 말입니다.

아프리카에 식민지를 건설한 백인들은 아프리카 흑인들을 인간 이하의 존재라고 생각했지요. 유인원과 인간의 중간에 놓인 동물이라고요. 그들과의 사이에 자식을 낳았고, 그 자식 중에 백인과 거의 다를 바 없는 외모를 지닌 이들도 있다는 점을 생각하면, 흑인과 백인이 같은 종임이 분명한 데도 말이지요. 그저 피부색만 다를 뿐인데 흑인을 그토록 차별했습니다. 그런데 과학자라고 자부하는 나 자신도 은연중에 똑같은 기준을 적용하고 있었습니다. 겉모습으로 판단을 하는 것 말입니다.

그러고 보니 또 다른 편견도 지니고 있다는 생각이 들었습니다. 나는 일로이가 귀족이 된 자본가의 후손이고, 멀록은 지하에서 비참하게 생활하던 노동자의 후손이라고 추측했습니다. 그러면서 멀록에게 소처럼 사육되어 잡아먹히는 일로이의 처지가 자업자득일지 모른다고 보기도 했어요. 오랜 세월 그들의 선조들이 멀록의 선조들에게 저지른 나쁜 행위의 대가를 받는 것이라고요.

하지만 그렇게 생각하면서도 일로이가 아닌 멀록의 편을 든다는 생각은 전혀 하지 않았습니다. 나 자신이 유한계급이기 때문일까요? 결국 나는 미래 사회를 객관적으로 관찰하는 냉철한 과학자가 아니었나 봅니다. 겉으로 그런 척했을 뿐, 실제로는 감정이 이끄는 대로 따라가는 지극히 비합리적인 인간이었습니다.

어쩌면 겉모습이 나를 더 닮았는지 아닌지는 중요하지 않을 수도 있다는 생각이 들었습니다. 우리 인류는 자신의 나쁜 점이나 불쾌한 측면이 아니라 좋은 점이나 바람직한 측면을 떠올리게 하는 존재에게 더 끌리는 것이 아닐까요? 내가 갖지 못한 우아함과 사랑스러움, 즐거움과 행복함을 보여 주고 있는 존재에게요.

이런저런 생각을 하는 사이에 주위가 더 밝아졌습니다. 나는 풀을 잔뜩 뜯어다가 양말 위에 감았습니다. 그런 뒤 아직 연기가 피어오르는 숯 더미와 재를 밟으면서 스핑크스가 있는 곳을 향해 걷기 시작했지요. 나는 서두르지 않았습니다. 아니, 서두를 수가 없었습니다. 발을 절뚝거리고 있었고, 너무나 지친 상태였으니까요.

여전히 우왕좌왕하고 있는 멀록들이 보였지만, 그냥 내버려 두었습니다. 저절로 위나 생각이 떠올랐지요. 슬픔이 북받쳐 왔습니다. 이 세계에서 유일하게 내게 기쁨이 되어 주던 상대를 잃었다고 생각하니 너무나 가슴이 미어졌습니다. 우리 세계로 데리고 가겠다고 마음을 먹기도 했었지요. 사실 일로이들을 돕자는 생각을 한 것도 위나가 있었기 때문이었어요.

그녀를 잃고 난 지금, 나는 이 세계에서 다시금 외톨이가 된 셈이었죠. 갑자기 저녁 식사 후에 함께 대화를 나누곤 하던 친구와 동료의 얼굴이 떠올랐습니다. 더욱더 가슴이 아파왔습니다.

"돌아가고 싶어. 아니, 반드시 돌아갈 테다!"

나는 새삼스레 굳게 다짐하며 걸음을 옮겼습니다.

일로이와 멀록, 진짜 인간은?

"아무 도움도 못 돼서 미안해요."

로봇의 말에 나는 고개를 가로저었습니다.

"미안해할 것 없어. 도움을 줄 수 있는 상황이 아니었는데, 뭘."

어느덧 처음 도착한 날 올랐던 언덕에 와 있었습니다. 누런 금속 의자도 그대로였어요. 주위를 둘러보니 풍경도 예전이나 다를 바 없었습니다. 거대한 건물들 사이에 펼쳐진 아름다운 정원과 멀리 은빛으로 반짝이면서 흘러가는 강, 화려한 옷을 입고 돌아다니는 일로이들. 변한 것은 아무것도 없어 보였습니다.

"저기 일로이들이 물놀이를 하고 있군. 위나를 구했던 곳인데…."

슬픈 내 심정을 이해한 듯이 로봇은 말없이 그곳을 바라보았습니다. 일로이들은 아주 즐겁게 놀고 있었어요. 저들은 함께 놀던 누군가가 사라져도 곧 잊어버릴 것이 뻔했지요.

"소나 다름없어."

내 입에서 저절로 그 말이 튀어나왔습니다.

"주는 대로 먹으면서 늘 즐겁게 지내기만 하지. 소처럼 말이야. 누가 자신들을 키우는지도, 위험에 어떻게 대비해야 하는지도, 자신이 나중에 어떻게 될지도 전혀 생각하지 않아."

위나를 잃은 슬픔 탓일까요? 왠지 그런 말을 하면서도 내가 일로이들을 비난하고 경멸하고 있다는 생각이 들었습니다. 위나의 목숨을 구한 것은 나였지만, 위나가 목숨을 잃은 것도 내 탓이라고 할 수 있었는데 말이지요.

로봇이 차분한 어조로 말했습니다.

"어쩌면 그것이 인류가 꿈꾸던 생활이 아닐까요? 물론 잡아먹히지 않는다면 말이에요. 사실 우리 로봇이 출현한 이유도 바로 그것이었어요. 인류가 편안하게 생활할 수 있도록 돕기 위해서요. 물건을 생산하는 일부터 쓰레기를 처리하고 정화하는 일까지 힘들고 더러운 일

그렇지 않나요?
로봇도 사실 힘들고 더러운 일을
떠맡기 위해 만들어진 거니까요.

은 모두 떠맡으려고요."

로봇의 말에 나는 의문이 들었습니다.

"미래에 그런 일들을 하는 로봇이 개발되었다면 왜 멜록이 진화한 것일까? 지금 멜록이 하는 일을 왜 로봇이 맡고 있지 않은 거지?"

"글쎄요. 전에도 말했지만, 저는 충분한 자료가 입력되지 않으면 추측을 내놓을 수가 없어요. 하지만 한 가지 가능성은 있어요."

"뭔데?"

"인류는 로봇을 두려워했을지 몰라요."

"로봇을? 왜? 자신을 돕는 편리한 기계인데?"

"인류는 본래 자신과 능력이 비슷하거나 자기보다 뛰어난 존재를 두려워하거든요."

"로봇이 인류보다 뛰어나다고?"

내가 째려보자, 로봇은 다소 거만한 태도로 말했습니다.

인간을 도와 주는 로봇이 있는데
멀록은 왜 나왔지?

"흠, 이번에도 겉모습만 보고 판단하시는 것 같은데요? 제가 비록 이렇게 작고 약하긴 하지만, 자료를 분석하고 종합하는 능력은 인간보다 훨씬 뛰어나요. 아, 물론 직관적인 판단과 추론을 하는 능력은 떨어지지만요. 하지만 제가 아직 덜 발달한 로봇이라는 점을 염두에 두어야 해요."

"네가 덜 떨어진 로봇인 것은 맞지."

"남을 비하하는 농담으로 슬픔을 이기려는 태도는 인간에게 흔히 나타나는 행동에 속하죠. 그러니까 그냥 넘어가기로 하고요. 인공 지능의 발달 면에서 그렇다는 거예요. 저는 초기 형태의 인공 지능 컴퓨터에 불과해요. 저와 달리 고도로 발달한 인공 지능은 인간의 추리력과 판단력, 직관적인 예측력까지 초월할지 몰라요. 인류는 그것을 두려워하지요. 그래서 우리 시대에는 로봇이 지배하는 미래 사회를 그린 소설이나 영화 같은 것이 많이 나와 있어요."

로봇의 능력이 인간보다 뛰어날 것 같으니
로봇들을 폐기한 것 아닐까요?

"인류가 그런 것들을 보면서 경각심을 갖는다는 거군."

"아니, 꼭 그런 건 아니에요. 그저 재미로 즐길 뿐이지만 그런 두려움이 나중에 인류와 로봇의 발전에 영향을 미쳤을 가능성은 있겠지요."

"로봇을 두려워해서 폐기하고, 다시 인류 노동으로 돌아갔다고?"

"아니면 로봇이 지배하면서 인류를 두 종족으로 나누었을 수도 있겠지요. 어느 쪽이든 간에 자료가 없으니 허무맹랑한 가설이지만요."

"너는 후자가 마음에 드나 보구나?"

로봇은 시선을 돌리면서 말했습니다.

"선생님이 전자를 마음에 들어 하는 것과 똑같지요."

어쨌거나 나는 어느 시대에 이르렀을 때, 인류가 편안하고 즐거움이 가득한, 행복한 생활을 누렸을 것이라는 생각을 다시 떠올렸어요. 부자는 안락한 생활을 보장 받고, 노동자는 생활과 일을 보장 받고 말이지요. 실업 문제도 사회 문제도 질병 문제도 없는 완전한 사회를 이

루었을 것이라고요. 그런 평화로운 시대는 오래 지속되었을 테고요.

"오랜 기간 자극이 없었겠지. 발전을 자극하는 요인이 아무것도 없었을 거야."

"그 이론을 도저히 버릴 수 없나 봐요?"

"퇴화가 일어난 원인을 달리 설명할 수 있겠어? 환경 변화나 위협 같은 자극이 없다면 발전할 리가 없어. 본능과 습관만으로도 잘 살아갈 수 있다면, 지식이 왜 필요하겠어? 위험에 처해야만 어떻게 헤쳐 나갈지 머리를 짜내면서 새로운 착상을 떠올리고 발명을 하는 거지. 이 세계처럼 모든 것을 방치해도 완벽하게 돌아가고 변화할 필요도 없는 곳에서는 지식이 필요 없어."

"하지만 그렇게 본다면 한 가지 문제가 생겨요."

"어떤 문제?"

"완성된 문명을 거쳐 퇴화한 상태라는 이 시대에도 똑같은 기준을 적용해 봐요. 자극이 없으면 발전이 없다는 거요. 이 세계에서 일로이에게 과연 자극이 없다고 할 수 있나요? 멀록에게 잡아먹히고 있는데요? 멀록에 비해 일로이는 너무 무력하지 않나요? 선생님의 생각대로라면 일로이도 멀록의 위협 앞에서 더 영리해지고 강해져야 하지 않을까요?"

그러고 보니 멀록에 비해 일로이는 너무 약했습니다.

"멀록이 일로이를 잡아먹기 시작한 지가 얼마 되지 않은 것이 아닐까? 그래서 일로이가 아직 진화를 덜한 것이고…."

"원래 시대로 돌아가면 그 가설을 논문으로 내는 게 어때요? 아니, 그러면 역사가 바뀔 테니까 안 되겠네. 방금 그 말 취소예요. 사실 후대에 비슷한 가설이 나와 있어요."

"정말?"

"네. 붉은 여왕 가설이라는 건데요."

살아남으려면 계속 변해야 해요.
환경과 다른 생명체가 변하니까요.

나는 로봇을 노려보았습니다.

"너, 정말 내가 너희 시대에 가 보지 않았다고 해서 아무 이름이나 막 갖다 붙이는 데 말이지, 타임머신을 찾으면 직접 가서 확인해 본다."

로봇은 뻔뻔하게 대꾸했어요.

"그러든지요. 하지만 제가 말하는 가설이나 이론은 진짜로 있는 거라니까요."

"붉은 여왕이 뭔지 내가 모를 줄 알아? 루이스 캐럴이 쓴 소설 『거울 나라의 앨리스』에 나오는 인물이잖아! 갖다 붙이려면 영국 말고 다른 나라 소설에서 찾았어야지!"

"아시니까 설명하기가 더 쉽겠네요. 붉은 여왕이 사는 곳은 땅이 움직이기 때문에 제자리에 있으려면 계속 달려야 해요. 다른 곳으로 가려면 더 빨리 달려야 하고요."

가만히 있으면
살아남지 못한다고?

“맞아, 재미있는 이야기지.”

“붉은 여왕 가설은 다른 종들과 환경이 계속 변하고 있다고 보는 거예요. 사자와 그 먹이인 동물을 예로 들지요. 사자는 먹이를 잡으려면 민첩해야 하고 날카로운 발톱과 강한 턱을 지녀야 해요. 그런데 먹이인 동물들이 더 빨리 달리기 시작했다고 해 봐요. 사자도 그에 발맞추어서 더 빨리 달리도록 진화하지 않으면 굶어 죽겠지요. 또 사자가 더 빨라진다면 먹이 동물들도 더 빨라져야 해요. 그래야 잡아먹히지 않으니까요.”

“환경이 계속 변하니까 가만히 있으면 살아남지 못한다는 거군. 그렇게 생각하면 붉은 여왕 가설이 좋은 명칭 같긴 한데, 네가 지어낸 건 아니지?”

“아니라니까요! 나한테 창작 기능은 없어요. 불행히도요.”

“알았어. 일단은 받아들이지. 너희 시대로 가서 확인을 거쳐야 하겠

지만. 어쨌든 내 이론이 맞다는 거잖아?"

"흠, 그 말은 지금 일로이가 붉은 여왕의 나라에서 제대로 달리지 못하고 계속 뒤처지고 있다는 뜻인가요?"

로봇이 갑자기 비유를 들어 말하니까 금방 와 닿지는 않았지만, 맞는 듯해서 고개를 끄덕였어요. 그러자 왠지 로봇이 회심의 미소를 짓는 듯한 기분이 들었어요.

"그렇다면 머지않아 일로이는 전멸하겠지요. 멀록이 얼마 전부터 일로이를 잡아먹기 시작했다는 말은 그 전에는 다른 동물들을 잡아먹었고, 마구 잡아서 모조리 전멸시켰다는 뜻이니까요. 멀록이 자신의 먹이를 전멸시킬 만큼 무분별한 존재라면, 일로이도 가만 놔두겠어요? 아니, 이미 전멸했어야 옳지 않을까요?"

나는 갑자기 할 말을 잃었습니다. 그렇게 보니, 내 추측에 여기저기 문제가 많은 것 같았습니다. 하긴 지금까지 계속 잘못된 추측을 내놓

멀록은 기계를 다루니까 지능이
있다고 봐야 해. 미래를 내다보고
일로이 수를 조절할지도 몰라.

왔다가 수정하곤 했으니까요. 하지만 과학 이론이란 그렇게 발전하는 것이 아니겠어요? 가설과 이론을 세웠다가 잘못된 것이 드러나면 새 이론을 세우는 식으로요.

"멀록은 기계를 다루고 있으니까, 어느 정도의 지능을 지니고 있다고 봐야 할 거야. 설령 습관적으로 기계를 작동하고 수리하는 일을 해 왔다고 하더라도 말이야. 창의성도 갖추고 있겠지. 그렇다면 멀록은 일로이보다 지능이 훨씬 뛰어나다는 뜻이지. 미래도 어느 정도 내다볼 수 있지 않을까? 일로이를 다 잡아먹으면 자신들도 굶어 죽으리라는 것을 알고, 수를 조절할 수도 있지 않겠어?"

"그렇다면 동물들이 멸종한 것은 어떻게 설명하시겠어요?"

"그 뒤에 깨달은 것이 아닐까? 과거의 잘못으로부터 배운 거지. 또 자신들이 멸종시킨 동물들과 달리, 일로이는 일종의 사육하는 대상이잖아. 어쩌면 돌보는 대상에서 사육하는 대상으로 바뀐 것이 얼마

지능과 계획을 가진 멀록이
일로이보다 더 인간다울까요?

되지 않았을지도 몰라. 동물들이 다 사라진 뒤에 말이야. 그래서 일로이는 아직 그 사실을 제대로 알아차리지 못한 것일 수도 있고."

"그렇게 말하니까, 멀록이 일로이보다 더 인간답게 여겨지네요. 머리를 써서 생각도 하고 계획도 하니까요."

그 말을 들으니, 인간이란 과연 무엇일까 하는 생각이 들었습니다. 두 발로 서서 걷고, 손을 자유로이 쓰고, 말을 하는 등 인간을 정의하는 특징들은 일로이뿐 아니라 멀록도 지니고 있었습니다. 그저 겉모습과 살아가는 방식이 다를 뿐이었습니다. 과연 어느 쪽이 더 인간답다고 할 수 있을까요? 아니면 80만 년이라는 기나긴 세월을 생각할 때, 내가 속한 시대의 인간을 기준 삼아 무엇이 인간다운 것인지를 판단하는 것이 과연 타당할까요? 나는 내 기준에 맞추어서 인간이 이러저러해야 한다고 생각하고 있는 것은 아닐까요?

로봇은 인류의 역사가 600만 년이고, 해부 구조로 볼 때 현생 인류

인 호모사피엔스는 겨우 20만 년 전에 출현했다고 했어요. 그리고 인류가 농사를 짓고 문명을 이루기 시작한 것은 고작 1만 년에 불과하다고요. 장구한 세월 중 겨우 1만 년에 불과한 기간에 속한 인류의 모습을 인간다움을 판단하는 기준으로 삼을 수 있을까요?

생각할수록 머리가 복잡해졌어요. 게다가 며칠 동안 잠을 제대로 못 자고 갖가지 위험하고 불행한 일을 겪은 터라, 더 이상 머리가 돌아가지 않았습니다. 아니, 생각하고 싶지도 않았어요. 따지고 보면, 위나를 잃은 슬픔을 잊기 위해 이 대화를 한 셈이었으니까요.

언덕 위 의자에 앉아 이런저런 생각을 하면서 따뜻한 햇볕을 쬐고 있으니, 어느덧 기분이 좀 나아졌습니다. 졸음도 찾아오더군요. 나는 잔디밭에 누워 곧바로 깊은 잠에 빠져들었습니다.

탈출

눈을 뜨니, 해가 서편에 걸려 있었습니다. 나는 스핑크스가 있는 곳을 향해 언덕을 내려갔습니다. 물론 한 손에는 쇠막대기를 들고 있었습니다. 이제 전처럼 멀록이 그다지 두렵지 않았지만요. 게다가 주머니를 뒤져 보니 성냥이 몇 개비 남아 있었습니다. 멀록이 성냥갑을 훔쳐 갈 때 몇 개비 빠져나온 모양이었습니다.

내려가면서 쇠막대기로 어떻게 청동 문을 열지 생각했습니다. 사실 쇠막대기를 억지로 끼워 넣어 벌린다고 해서 그 거대한 문이 열릴지 좀 의심스럽긴 했어요. 오히려 쇠막대기가 부러질 가능성이 더 높았어요. 어쨌거나 시도는 해 봐야겠지요.

그런데 뜻밖의 상황이 벌어졌습니다. 청동 문이 열려 있는 것이 아니겠어요? 문은 아래쪽 도랑으로 떨어져 있었고요. 나는 그 앞에 서서 망설였습니다. 들어가야 할지 말아야 할지 판단이 서지 않았습니다.

안을 들여다보니, 자그마한 방이 있었습니다. 한쪽으로 바닥을 높인 단 위에 타임머신이 보였습니다. 타임머신이 있으니 어쩔 도리가 없었지요. 나는 호주머니에 든 레버를 만지작거렸습니다. 레버가 있으니 쇠막대기는 필요가 없었습니다. 나는 쇠막대기를 옆으로 내던졌습니다. 그것을 다시 쓰지 못한다고 생각하니 좀 아쉬운 마음이 들기도 했지만요.

허리를 굽혀서 안으로 발을 디딜 때, 불현듯 멀록이 어떤 속셈으로 문을 열어 놓았는지 짐작이 갔습니다. 내가 들어가면 문을 닫아서 가둔다는 계략이었겠지요. 그렇게 보면 멀록의 지능도 그다지 높다고는 할 수 없는 듯했습니다. 이렇게 어서 오세요 하고 문을 활짝 열어 놓으면 꿍꿍이가 있다는 사실을 뻔히 드러내는 꼴이 되지요. 물론 일로이라면 속을 수도 있겠네요. 일로이야 단순하게 생각할 테니까요. 하지만 머리가 좋은 우리 시대의 사람들은 속임수를 파악할 능력이 있지요. 물론 이것이 속임수일까 아닐까 하면서 겹겹이 싸 놓았을 법한 계략들을 하나씩 풀다가 오히려 함정에 빠지기도 하지만요.

하여튼 멀록은 내가 시간 속을 움직일 수 있다는 사실을 짐작조차 못했을 겁니다. 달아날 곳은 얼마든지 있는 셈이었지요. 나는 터져 나오려는 웃음을 참으면서 타임머신이 있는 쪽으로 갔어요.

놀랍게도 타임머신은 말끔하게 정비되어 있었어요. 정성껏 기름을 치고 걸레질도 잘 해 놓은 상태였습니다. 멀록은 기계를 보면 습관적으로 닦고 조이고 하는 것일까요? 아니면 어떤 용도인지 알기 위해 낱낱이 분해한 뒤 다시 조립한 것일까요? 레버만 끼우면 작동시킬 수 있다는 것을 알아차리고, 자신들이 쓰기 위해 말끔하게 손질했을까요?

어쨌거나 타임머신을 다시 보니 정말 기뻤어요. 나는 옆에 서서 타임머신을 어루만지며 그 감촉을 즐겼습니다. 그때 예상하던 일이 벌어졌습니다. 바깥에 놓여 있던 청동 문이 갑자기 스르륵 올라오더니 덜컥 하고 닫힌 겁니다. 순식간에 실내가 암흑으로 변했지요. 멀록들이 기뻐서 웃는 소리가 들리는 듯했어요. 내가 함정에 빠졌으니까요.

알면서도 함정에 들어온 나는 우습기도 하고 좀 어이가 없기도 했어요. 멀록이 내 수준의 지능을 갖추고 있다면, 내가 함정인 줄 알면서도 걸어 들어온 이유를 생각했을 텐데 말입니다. 무기인 쇠막대기까지 내버린 채로요.

멀록들이 킥킥거리면서 모여드는 것을 느낄 수 있었습니다. 하지만 나도 만반의 준비를 갖추고 있었지요. 나는 침착하게 주머니에서 성냥을 꺼냈습니다.

아차!

그제야 깨달았습니다. 이 성냥은 성냥갑에 대고 그어야만 불이 붙는 종류라는 것을요. 성냥불을 켜 보고 최종 점검을 했어야 했는데, 또다시 실수를 저지르고 말았던 겁니다.

갑자기 예상 밖의 일이 벌어지자 너무나 당황스러웠습니다. 타임머신을 바로 옆에 두고서 목숨을 잃을 처지에 놓였으니까요. 나는 성냥을 내버리고, 다급하게 주머니를 뒤졌습니다. 레버가 만져졌습니다. 재빨리 레버를 꺼내어 타임머신에 끼우려 했어요. 하지만 어두워서 앞이 전혀 보이지 않았고, 당황한 상태라 손도 떨리고 있었지요. 레버를 끼울 구멍을 도무지 찾을 수가 없었습니다.

그 사이에 멀록들은 빠르게 다가왔습니다. 한 명이 내 몸에 손을 대는 순간, 나는 움켜쥐고 있던 레버를 휘둘렀습니다. 멀록들을 떼어낸 나는 재빨리 타임머신에 올라타려 했습니다.

하지만 곧바로 멀록들이 나를 다시 붙잡았습니다. 나는 다시 레버를 마구 휘두르면서 멀록들을 후려쳤습니다. 멀록들은 계속 달려들면서 내 손에 든 레버를 빼앗으려 했습니다. 자신들에게 타격을 입히는 무기이기 때문에 빼앗으려는 것인지, 레버가 있어야 기계를 작동시킬 수 있다는 사실을 알고 있기 때문에 빼앗으려는 것인지는 모르지만요. 아무튼 레버를 빼앗길 수는 없었어요.

멀록들의 손이 레버를 잡아채려 끈덕지게 밀려들었고, 나는 아무것도 보이지 않는 짙은 어둠 속에서 정신없이 손을 휘둘러 댔습니다. 여기저기에서 둔탁한 충격이 느껴졌습니다. 어젯밤 숲 속에서 벌어졌던 일이 재현되고 있었습니다. 하지만 무기가 달랐어요. 쇠막대기에 비해 레버는 작았고 힘도 약했습니다.

멀록들을 계속 물리치면서, 한 손으로는 레버를 끼우는 구멍을 더듬거리며 찾았습니다. 상황이 점점 더 내게 불리하게 돌아가는 듯했습니다. 멀록들은 어둠 속에서 내가 무엇을 하고 있는지 볼 수 있는 반면, 나는 눈을 전혀 쓸 수가 없었으니까요.

구멍을 찾는 데 잠시 정신이 쏠린 순간, 여러 개의 손이 내 팔과 손을 움켜쥐었습니다. 멀록들은 나를 꼼짝도 못하게 누르면서 내 손아귀를 벌리기 시작했어요. 또 누군가 레버를 잡아당기기 시작했어요. 나는 레버를 빼앗기지 않으려고 몸부림을 쳤지만 소용이 없었습니다. 레버가 내 손에서 막 빠져나가려는 찰나, 어둠 속을 향해 머리를 콱 들이박았습니다.

"우지끈!"

머리에 강한 충격이 오면서, 상대의 머리뼈가 으스러지는 소리가 들렸습니다. 그 기회를 틈타서 나는 재빨리 레버를 꽉 움켜쥐고 잡아챘습니다.

하지만 끝이 아니었어요. 멀록들은 다시 달려들었고, 싸움은 끝없이 이어지는 듯했습니다. 얼마나 지났을지 감조차 잡기 어려웠습니다. 그러던 어느 순간, 더듬던 손이 레버를 끼우는 구멍을 마침내 찾아냈어요. 나는 허겁지겁 레버를 끼우려 했습니다.

하지만 다급한 상황이라서 구멍에 맞추기가 힘들었습니다. 레버를 휘두르던 팔이 멈추자 멀록들이 순식간에 온몸을 붙잡았습니다. 타임머신 밖으로 몸이 끌려 나갈 찰나, 마침내 레버를 끼울 수 있었습니다. 레버가 끼워지자마자 나는 레버를 확 밀었지요.

그러자 그토록 끈덕지게 달라붙던 손들이 순식간에 사라졌습니다. 곧이어 어둠이 걷히기 시작했습니다. 문제는 내가 제대로 앉지 못했다는 겁니다. 멀록들에게 붙들린 채로 다급하게 출발하다 보니, 좌석에 똑바로 앉지 못하고 옆으로 불안정하게 걸터앉은 자세였습니다.

타임머신이 빠르게 움직이자 머리가 어지러워졌어요. 똑바로 앉은 자세에서도 현기증에 시달렸는데, 제대로 앉지 못한 채 흔들리고 있으니 도무지 정신을 차릴 수가 없었지요. 오로지 떨어지지 않으려고 타임머신을 꽉 붙들고 있을 뿐이었습니다.

얼마나 시간이 지났을까. 겨우 정신을 차리고 계기판을 쳐다본 나는 깜짝 놀랐어요. 과거로 돌아갈 생각이었는데, 타임머신은 정반대 방향으로 나아가고 있었습니다. 급박하게 멀록에게서 벗어나려 하다가 그만 레버를 반대 방향으로 움직였던 거예요.

타임머신은 1초에 약 천 일이 지나가는 속도로 빠르게 미래로 가고 있었습니다. 나는 몹시 지친 상태였기에 그냥 바라보고만 있었습니다. 그런데 기이하게도 미래로 갈수록 낮과 밤의 교대 속도가 점점 느려지는 듯했습니다. 게다가 낮과 밤을 점점 더 뚜렷이 알아볼 수 있게 되었지요.

처음에는 몹시 이상하다고 생각했어요. 그러다가 알아차렸지요.

지구의 자전 속도가 느려지고 있었던 겁니다. 달은 자전 속도가 지구 주위를 도는 공전 속도와 같기 때문에 늘 한쪽 면만 보이죠. 반대쪽 면은 보이지 않고요. 달도 처음에는 자전 속도가 훨씬 빨랐을 겁니다. 시간이 흐르면서 지구의 인력이 작용하면서 서서히 자전 속도가 느려졌겠지요.

지구도 마찬가지로 자전 속도가 점점 느려지면서 낮과 밤이 하염없이 길어지고 있었습니다. 혜성이 지나갈 때만 잠시 밝아질 뿐, 오랫동안 어스름에 싸여 있는 시기도 있었지요. 하늘에 붉은 기운이 감도는 거대한 태양이 계속 떠 있는 시기도 있었고요. 별들도 거의 회전하지 않고 한곳에 붙박여 있었습니다.

시간이 더 지나자 태양은 수평선에 걸린 채 꼼짝하지 않고 있었습니다. 이미 태양이라고 할 수 없을 것도 같았습니다. 열기를 머금은 거대한 붉은 지붕처럼 보였지요.

지구는 달과 마찬가지로 한쪽 면만 태양을 향하고 있는 듯했습니다. 내가 서 있는 곳의 반대편은 영원한 어둠 속에 잠겨 있겠지요. 그곳에서는 아무것도 자라지 못할 거예요. 아니, 어둠 속에서 썩어가는 유기물을 먹고 사는 세균 같은 것들만 살고 있을지도 모르겠어요. 그러면 썩어서 분해되는 것들이 내뿜는 악취가 지구 전체로 퍼져 있지 않을까요?

직접 겪어 보는 것도 나쁘지 않을 듯해서 타임머신을 세우기로 했습니다. 먼젓번처럼 내동댕이쳐지는 일을 당하지 않도록 이번에는 조심했어요. 빠르게 돌아가던 바늘이 점점 느려졌습니다. 이윽고 타임머신이 멈추면서 황량한 해안이 모습을 드러냈습니다.

죽어가는 지구

안전을 생각해서 타임머신에서 내리지 않은 채 주위를 둘러보았어요. 하늘은 파란색을 잃었더군요. 북동쪽은 잉크처럼 새까맸고, 머리 위쪽은 불그스름한 기운이 감도는 노란색이었어요. 하늘은 남동쪽으로 갈수록 점점 진한 붉은색을 띠었습니다. 그리고 그 끝에 거대한 태양이 걸려 있었어요.

"적색 거성이 되고 있네요. 40~50억 년은 지난 것 같아요."

언제 거기에 붙어 있었는지 로봇이 계기판 아래에서 튀어나오며 말했습니다.

"적색 거성이라고?"

"네. 태양의 미래지요. 모든 별들도 일생이 있어요. 태어나서 살다가 죽어요. 우주의 먼지가 뭉쳐서 별이 태어난 뒤, 수십억 년 동안 눈부신 빛을 내뿜지요. 그러다가 연료가 다 타 버리면 죽음을 맞이해요. 태양보다 훨씬 무거운 별은 수축했다가 폭발해서 초신성이 되지요.

폭발하면서 우주 전체로 빛을 내뿜고요. 하지만 태양은 그렇지 못해요. 대신에 수명이 다하면 밝아지면서 점점 커지죠. 200배까지 커질지도 몰라요."

"그렇게 커지면 지구도 집어삼키지 않을까?"

"그럴 수도 있어요. 적어도 수성과 금성은 집어삼킬 거예요."

왠지 내가 너무 먼 미래로 왔다는 생각이 들었습니다. 가뜩이나 슬프고 험한 꼴을 겪었는데 지구가 종말을 맞이하는 이렇게 우울한 장면을 접하고 있다니요.

주위를 둘러보니 칙칙한 바위에 무언가 달라붙어 있는 것이 보였습니다. 짙은 녹색을 띤 식물이었어요. 이끼나 지의류와 비슷해 보였습니다.

"이런 환경에도 아직 생물이 남아 있다니, 그나마 좀 위안이 되네. 물론 인류는 오래전에 사라졌겠지?"

"글쎄, 모르죠. 어쩌면 우주로 나가지 않았을까요?"

"우주로?"

"네. 우리 시대의 천문학자들은 우주에서 수많은 행성들을 찾아냈어요. 그중에 인류가 옮겨 갈 만한 행성도 있을 수 있어요. 혹시 그런 행성으로 이주했을지도 모르지요."

"하지만 너무 멀리 있지 않나? 옮겨 가는 데 수만 년은 걸리지 않을까?"

"평범한 수단을 쓰면 그렇겠지요. 하지만 웜홀을 이용한다면 가능하겠지요. 아니면 가는 동안 냉동 상태로 있다가 도착한 뒤에 깨어나게 해도 되지요."

"냉동? 사람을 얼린단 말이야? 그러면 죽잖아!"

"생물을 얼렸다가 다시 해동시켜서 되살리는 방법을 연구하는 과학자들이 있어요. 몸 전체를 손상 없이 얼렸다가 녹여서 다시 살리는

거지요. 사람의 정자와 난자, 혈구 등을 냉동하여 다시 쓰는 것은 우리 시대에도 가능해요."

"얼어 있는 동안은 누가 우주선을 조종하고?"

로봇은 으쓱하는 태도로 말했어요.

"당연히 나 같은 뛰어난 로봇이 맡죠. 아니면 로봇을 먼저 다른 행성으로 보냈을 수도 있어요. 인류가 살기에 알맞은 환경을 만들도록요. 그런 뒤에 인류가 이주하면 되고요."

나는 파도가 거의 없는 잔잔한 해안을 내려다보았어요.

"네 말을 들으니까 정말 미래에는 내가 모르는 일들이 많구나. 하지만 왠지 일로이와 멀록의 세계를 겪고 나니 인류에게 그런 미래가 있을 것이라는 생각이 들지 않아. 그 뒤로 머지않아 멸종했을 것 같은 기분이 들어."

"미래가 어찌될지 누가 알겠어요? 80만 년이 되기 이전에 이미 지

우리가 미래의 역사를
바꾸지 않았을까?

구를 떠난 사람들도 있을지 모르지요. 아니면 우리가 떠난 이후로 일로이나 멀록이 새롭게 진화했을 수도 있고요. 우리가 발전하기 위한 자극을 주었을 수도 있어요."

그 말을 들으니, 내가 일로이와 멀록에게 적잖은 충격을 끼쳤을 수도 있다는 생각이 들었어요. 일로이는 계속 별생각 없이 살아갈지 모르지만, 적어도 나라는 존재가 잠깐 출현했다가 사라졌다는 사실을 기억하지 않을까요? 그리고 어쩌다가 떠올리면서 궁금증을 가질 수도 있고요.

또 일로이에게 미친 영향은 적다고 쳐도, 멀록에게는 그렇지 않을 것이 확실해요. 따지고 보면 그들에게 나는 가공할 적이었어요. 무기를 휘둘러 뼈를 부술 정도의 힘과, 광기에 젖어 날뛰는 공격 성향을 지닌 무시무시한 상대였지요. 내가 죽이거나 다치게 한 멀록이 과연 몇 명이나 되었을까요?

내가 멀록을 더 폭력적으로
바꾼 거 아닐까? 그래서 일로이가
더 시달리게 되는 건 아닐까?

생각해 보니 그들은 무기란 것을 전혀 갖고 있지 않았어요. 그저 우르르 몰려와서 손으로 나를 잡아당기곤 했을 뿐이지요. 그들로서는 무기를 쓸 일이 거의 없었던 것이 아닐까요? 밤에 몰래 나와서 잠든 일로이를 잡아가는 일에 무기는 그다지 필요 없었을 테니까요. 그렇다면 내가 그들에게 위기의식과 무기를 사용하는 법을 새롭게 가르친 셈이 될 수도 있지요.

"전에 과거로 가면 인류 역사가 바뀔 수 있다고 말했지?"

"네. 할아버지 역설 말이지요?"

"맞아. 그런데 생각해 보니 미래로 왔어도 마찬가지였던 것 같아. 내가 80만 년 이후의 인류 역사를 바꾸었을지도 모르겠어. 멀록을 더 폭력적으로 만든 것은 아닐까? 그 때문에 일로이가 편안하게 사육되는 것이 아니라 고통과 심한 두려움에 시달리면서 사육된다면 어쩌지?"

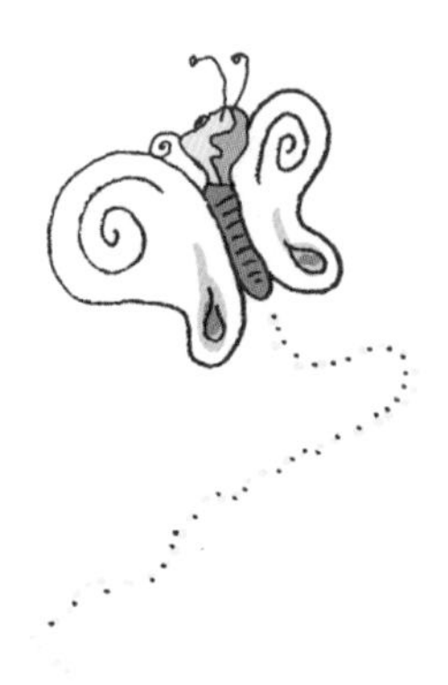

“너무 부정적인 쪽으로만 생각하는 거 아닐까요? 멜록이 변하면 일로이도 그에 따라 변할 수도 있잖아요. 붉은 여왕 가설처럼요. 어쩌면 다시 하나의 인류로 통합될지도 모르고요. 또 자신에게 어떤 일이 일어날지 전혀 모른 채 태평하게 사육되고 있는 일로이를 좋게 보지도 않았잖아요? 차라리 어떤 식으로든 간에 변하는 편이 더 나을 수도 있지 않겠어요?”

나는 열변을 토하는 로봇을 멍하니 바라보았어요. 이윽고 로봇도 내가 왜 자신을 쳐다보고 있는지 알아차렸어요.

“아차, 제가 왜 이러죠? 이런 무모한 추측은 선생님이 전문인데요. 어느새 따라 하다니….”

왠지 나는 로봇이 일부러 떠들어 댄다는 느낌을 받았습니다. 우울한 내 심정을 헤아려서 기분을 좀 풀어 주려고요. 그러고 보니 로봇은 보면 볼수록 정말 놀라운 능력을 지녔다는 생각이 들었습니다.

멀록이 바뀌면 일로이도 바뀌고
둘 다 변해서 다시 하나로
될지도 모르지요.

이야기를 나누는 동안 점점 머리가 멍멍해지는 느낌이 들었습니다. 숨도 좀 가빴고요. 높은 산에 올라갔을 때와 비슷했어요.

"산소가 적어졌나 봐."

그때 저편에서 날카로운 외침이 들리더니, 거대한 흰나비처럼 생긴 것이 날개를 너울거리면서 날아올랐다가 사라졌습니다.

"동물도 있었네요. 신기한데요? 희박한 공기 속에서 저렇게 날아다니다니."

로봇은 흥미가 동한 모양이지만, 나는 그 동물이 낸 소리에 왠지 오싹해졌습니다.

다시 주위를 둘러보니, 아까 바윗덩어리라고 생각했던 것이 슬금슬금 이쪽으로 다가오고 있었습니다. 식탁보다 큰 거대한 게처럼 생긴 동물이었어요. 집게발을 흔들면서 여러 개의 다리로 걸어오고 있었습니다. 눈자루 위로 불룩 튀어나온 두 개의 눈알로 나를 노려보면

서 입 주위에 나 있는 수많은 촉수를 움직이면서요.

이 무시무시한 괴물을 쳐다보고 있는데 볼이 근질거렸습니다. 손으로 쓸었지만, 다시 근질거리기 시작했습니다. 이번에는 귓불까지요. 날벌레인가 싶어서 손바닥으로 찰싹 쳤습니다. 무슨 실 같은 것이 손바닥에 닿았다가 미끄러져 빠져나가는 듯했습니다.

"조심해요!"

로봇의 외침에 뒤를 돌아보니, 바로 등 뒤에 괴물 게 한 마리가 와 있었습니다. 더듬이를 내 얼굴에 갖다 대고 있었던 거였지요. 나는 소스라치게 놀랐습니다. 괴물 게는 입을 벌렸다 오므렸다 하면서, 물풀이 들러붙어 있는 커다란 집게발을 치켜들고 내게 달려들었습니다.

나는 재빨리 레버를 움직여서 조금 더 미래로 시간을 옮겼습니다. 여전히 같은 환경이었습니다. 타임머신이 멈추자 수십 마리의 괴물 게가 엉금엉금 기어 다니는 모습이 눈에 들어왔습니다. 이 황량한 세계에 남아 있는 것들을 먹어 치우는 청소동물 같았습니다.

"정말 오싹하네. 이 풍경도 그렇고 게도 그렇고."

괴물 게가 달려들기 전에 다시 시간을 옮겼습니다. 처음에는 백 년씩 앞으로 나아갔지요. 하지만 별 변화가 없었고, 여전히 괴물 게들이 기어 다니는 해안일 뿐이었습니다.

"끝을 보고 싶은가 봐요?"

"여기까지 왔으니 지구의 마지막을 감상하는 것도 좋겠지?"

그렇게 말하면서 계속 미래로 나아갔습니다.

삼천만 년이 지나자, 이윽고 태양은 하늘의 거의 10분의 1을 뒤덮었습니다. 괴물 게들은 사라지고 없었고, 바위에 달라붙은 칙칙한 식물 외에는 생명의 낌새를 찾아볼 수 없었습니다.

타임머신 밖으로 나가 살펴볼까 하는 마음도 있었지만, 왠지 불안해서 내리고 싶지 않았습니다. 주위는 무척 추웠고 가끔 눈도 내렸습

생명 없는 지구는 정말 고요하군.

니다.

"이상한데요. 해가 커졌으니 기온도 올라가야 정상일 텐데요. 뜨겁게 달아오를 정도로요. 바다도 말라 버렸어야 하고요."

로봇이 중얼거렸어요.

"과학자들의 미래 예측이 다 옳다면, 굳이 미래를 살아갈 필요조차 없겠지. 내 미래 예측이 터무니없이 어긋난 것처럼 말이야."

찬바람이 세차게 불면서 멀리서 파도 소리가 들려왔습니다. 하지만 그뿐이었습니다. 세상은 깊은 침묵에 싸여 있었습니다. 새소리도, 벌레 소리도, 사람의 소리도 전혀 없었습니다. 순간 내가 알던 지구가 얼마나 활기 넘치는 소리로 가득한 곳이었던가를 새삼스럽게 깨달았습니다. 온갖 생물들이 내는 소리로요.

"생물들이 사라진 지구는 정말 고요하군."

"그러네요. 지구의 종말을 지켜보는 것은 로봇이 아닐까 하는 생각

도 들고요."

내가 고개를 돌려 째려보자 로봇은 황급히 말을 바꾸었습니다.

"아니, 이 우주에서가 아니라, 다른 평행 우주에서 그럴 가능성이 높다는 거예요. 어차피 여기까지 오면 인류는 다 사라지고 없을 거잖아요. 하지만 로봇은 움직이고 있을지 모르지요."

"그래도 지구를 지구답게 만든 것은 생물이었어. 생물이 없으니 이렇게 황량하잖아."

"와, 이번에도 시대를 앞선 통찰력을 보이셨네요."

"응? 무슨 소리야?"

로봇은 실망한 투로 말했어요.

"그러면 그렇지요. 제가 착각했어요. 우리 시대의 기준에 맞추어서 말을 해석하다 보니요."

나는 더욱 갈피를 잡기 어려웠어요. 왠지 이 로봇이 인류를 깔보는

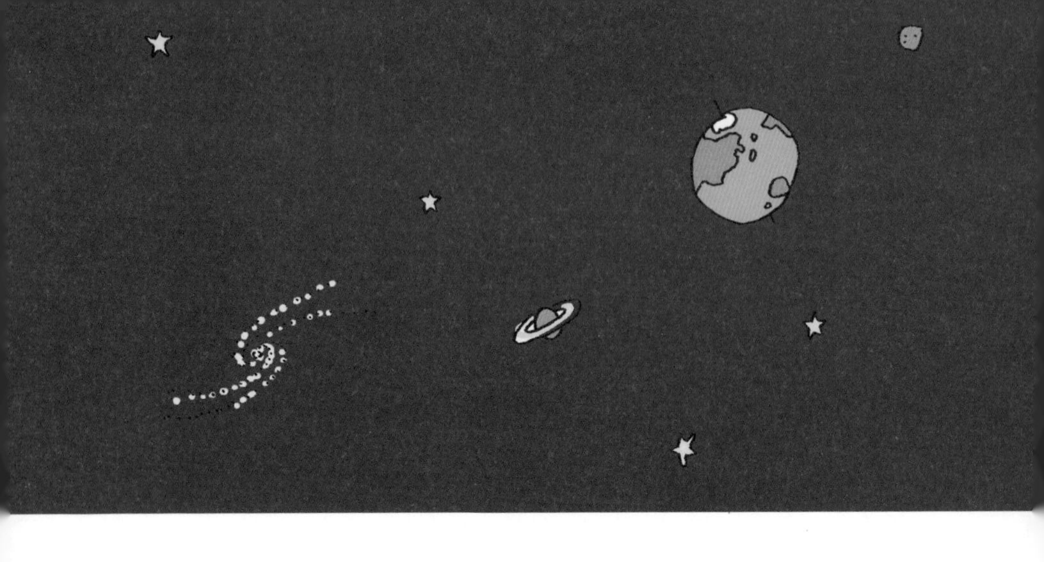

로봇 종족의 선조가 될 것 같은 예감이 들기도 했어요.

"알아듣게 설명해 봐."

"말 그대로 생물이 지구를 조성했다는 거예요. 원래부터 지구가 생물이 살기 좋은 행성이어서 거기에 생물이 생겨나고 번성한 것이 아니라, 생물들이 지구의 대기 조성도 바꾸고 암석 조성도 바꾸고 하면서 지구를 자신들이 살기 좋은 곳으로 바꾸어 왔다는 거죠. 지구와 함께 진화했다고나 할까요?"

"흠, 내가 아까 한 말이 바로 그 뜻이었어."

내가 허세를 부렸지만, 로봇은 믿지 않는 듯했어요.

"후대의 과학자들은 그것을 가이아 이론이라고 해요."

"어렵쇼, 이젠 신화까지 갖다 붙이네. 가이아는 대지의 여신이잖아. 과학 이론에 여신 이름을 갖다 붙이는 것은 좀 아니지."

아무래도 이 로봇은 농담을 진담처럼 말하는 재주가 있는 것 같았

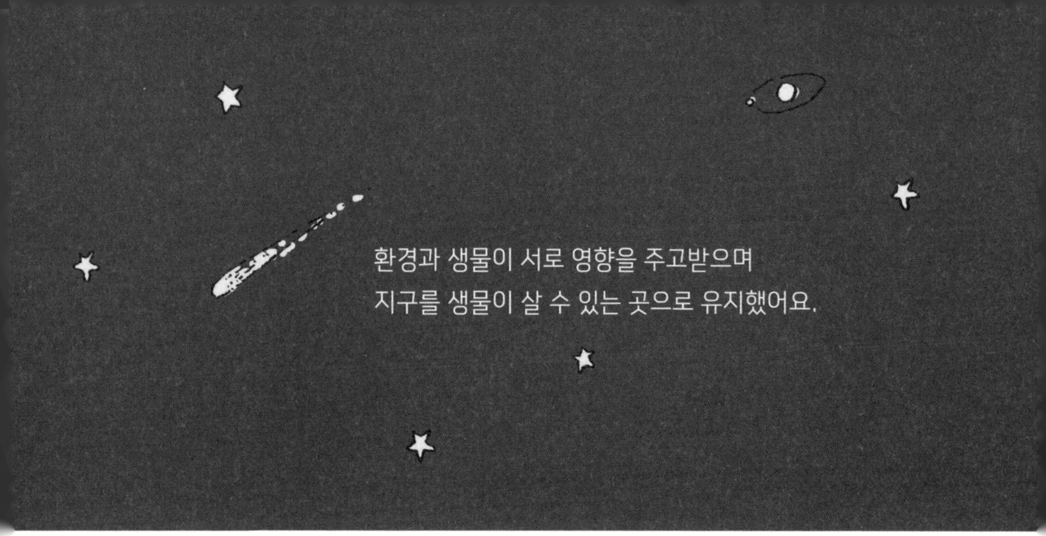

환경과 생물이 서로 영향을 주고받으며
지구를 생물이 살 수 있는 곳으로 유지했어요.

어요.

"안 믿으셔도 상관없어요. 가이아 이론은 지구가 생물은 아니지만, 살아 움직이는 거대한 유기체와 비슷하다고 보는 거예요. 지구 환경과 생물이 상호 작용을 하면서, 생물이 살기에 알맞은 조건을 만들어 내면서요."

"그 이론은 일로이가 살던 시대에 더 들어맞는 것 같은데? 산불도 안 나도록 기후가 유지되고 있었으니까."

"그건 인위적으로 일정하게 유지하는 거잖아요. 가이아 이론은 변화하면서 유지된다는 거죠. 지구 기온이 조금 오르면 그 기온에 알맞은 생물들이 더 번성해요. 기온이 떨어지면 더 낮은 온도에서 잘 견디는 생물들이 번성하고요. 그러면 기온도 다시 변할 수 있어요. 원래 상태로 돌아갈 수도 있고 새로운 온도에서 새로운 생물들이 번성하는 상태가 될 수도 있고요. 어떤 식으로 변하든 간에, 환경과 생물은

서로 영향을 끼치면서 지구를 생물들이 계속 살아갈 수 있는 곳으로 유지한다는 거예요."

"그러다가 사라지는 생물들도 있잖아."

"맞아요. 하지만 그것이 바로 생물이 진화하는 방식이지요. 없어지는 생물이 있으면 새로 출현하는 생물도 있고요. 그런 변화가 없었으면, 인류도 출현하지 못했겠지요. 환경이 일정하게 유지된다면요."

"흠, 그 생각을 미처 못했군. 그렇다면 일로이와 멀록이 사는 시대는 정체된 시대나 마찬가지라고 할 수 있겠어. 일로이에게 변화를 일으키려면 먼저 기후를 유지하는 기계부터 없애야 하나? 그런데 여기 기후는 왜 이렇게 변덕스러워!"

갑자기 사방이 어두워지기 시작했습니다. 하늘을 보니 일식이 일어나고 있었어요. 어둠이 짙어지면서 눈이 펑펑 쏟아지기 시작했습니다. 그리고 몹시 추워졌죠. 하늘을 가리는 암흑이 나를 집어삼키는

듯한 느낌이 들었습니다. 온몸이 덜덜 떨리고 구역질까지 났습니다.

"몸이 안 좋은가 봐요. 이만 돌아가는 게 좋겠어요."

"잠깐만, 속을 좀 가라앉히고…."

다행히 일식이 끝나고 있었고, 나는 어지러운 머리와 메슥거리는 속을 진정시키기 위해 잠시 타임머신에서 내렸어요. 그때 바닷가에서 무언가 움직이는 것이 보였습니다. 축구공만 한 둥근 것이 촉수를 늘어뜨린 채 펄쩍펄쩍 뛰고 있었습니다.

"우와, 아직도 남아 있는 동물이 있네요."

나는 대꾸하지 않은 채 레버를 당겼습니다. 더 이상 있다가는 그대로 쓰러질 것 같았거든요.

귀가

한참 동안 정신을 잃고 있었나 봅니다. 깨어나 보니, 낮과 밤이 눈이 핑핑 돌만치 빠르게 바뀌고 있었습니다. 태양은 다시 황금빛을 띠기 시작했고, 하늘도 파랗게 변했지요. 숨쉬기도 편해졌고요.

다시 거대한 건물들이 흐릿하게 보이기 시작했어요. 인류가 종말을 맞이한 시대인 듯했습니다. 나는 멈추지 않고 계속 시간을 거슬러 올라갔습니다. 이윽고 우리 시대가 가까워지자 서서히 속도를 낮추었습니다.

타임머신 주위로 연구실의 낡은 벽이 모습을 드러냈습니다. 워칫 부인의 모습도 다시 볼 수 있었지요. 그녀는 천천히 뒷걸음질로 연구실을 떠났습니다. 나는 조심스럽게 타임머신을 멈추었습니다. 그립던 내 연구실을 찬찬히 둘러보았습니다. 모든 것이 출발할 때와 다름없었어요.

후들거리는 걸음으로 타임머신에서 내려와 쓰러지듯이 소파에 털

썩 주저앉았습니다. 몹시 긴장하고 있던 탓인지, 아니면 너무 지친 탓인지 얼마간 몸이 덜덜 떨렸습니다. 그러다가 마침내 긴장이 풀리면서 몸이 편해졌어요. 그리고 나도 모르게 깜박 잠이 들었습니다.

눈을 뜨니 너무나도 편안하고 익숙한 실험실이 보였습니다. 혹시나 이 모든 일이 꿈이 아니었을까 하는 생각이 문득 들었습니다.

그때 귓가에서 소리가 들렸습니다.

"정말 피곤하셨나 봐요."

꿈이 아니었습니다. 돌아보니 로봇이 소파 등받이 위에 앉아 있었어요. 그제야 내가 어떤 여행을 했는지 실감이 나기 시작했습니다. 타임머신이 놓여 있던 자리가 바뀌었다는 것도 알아차렸어요. 원래 출발할 때는 남동쪽 구석에 놓여 있었는데, 지금은 북서쪽 벽 바로 앞에 서 있었습니다. 멀록들이 타임머신을 옮긴 청동 받침대가 바로 거기에 있었던 거지요.

시간 여행할 땐 그들이
왜 그렇게 사는지 내 시대를
기준으로 판단하지 말아야 해.

잠을 깨긴 했지만 여전히 온몸이 노곤하고 머리가 멍해서 한참을 그대로 앉아 있었습니다.

"생각해 보니 시간 여행을 준비할 때 약품이나 무기보다 더 필요한 것이 있었어."

"뭔데요?"

"마음의 자세야."

"예상하지 못한 일이 일어날지도 모르니까 마음 단단히 먹어야 한다고요?"

"그것과는 의미가 달라. 나는 나 자신과 내가 사는 시대를 기준으로 모든 일을 판단했어. 아니 내 시대도 아니라, 내가 사는 이곳 영국을 기준으로 삼은 거였지. 일로이와 멀록의 외모와 행동, 지능 등을 판단할 때, 나도 모르게 내 위주로 생각했던 거야. 그들이 왜 그렇게 살아가고 있는지를 추측할 때에도 그랬지. 네 말대로 내가 살아가는

이 시대가 인류 전체를 판단하는 기준이 될 수 없는 데도 말이야."

로봇은 휘파람을 불었습니다.

"놀라운데요. 드디어 저를 인정해 주시네요."

"마음의 준비를 해야 할 것이 또 있어. 다른 시대로 갔을 때, 나는 한편으로는 과학자로서의 객관적인 태도를 취하려 하면서도, 위기나 다급한 일이 닥칠 때면 그렇지 못했어. 아니, 아예 정신 줄을 놓을 때도 있었지. 타임머신을 찾겠다고 밤새 난동을 부리기도 하고, 공격성이라는 원초적인 충동에 흠뻑 취해서 멀록들을 마구 때려눕히기도 했지. 그 뒤에 정신을 차리면 후회하면서 다시 냉정하게 분석하고 추론하려는 자세를 보이기도 하고 말이야."

나 자신의 행동을 되짚어 보고 있자니, 지금의 내가 어떤 꼴을 하고 있는지도 눈에 들어오기 시작했습니다. 옷은 해지고 더럽기 그지없었고, 발뒤꿈치의 통증도 새삼 느껴지기 시작했어요.

또 원칙을 정할 필요가 있어.
관찰자가 될지, 개입할지 말이야.

"떠나기 전에 원칙을 정할 필요가 있어. 어떤 일이 있어도 개입하지 않고 객관적인 관찰자로서의 입장을 유지할지, 아니면 필요에 따라 개입할지 말이야. 시간 여행을 통해 역사를 바꿀 생각이 아니라면 개입하지 않는 것이 최선이 아닐까?"

"그렇긴 하죠. 하지만 선생님이 감정을 가진 인간이기에 자기도 모르게 개입하는 상황이 벌어진다는 것이 문제겠지요. 위나가 물에 떠내려가는 모습을 보면서 과연 냉정한 관찰자로 남을 수 있겠어요?"

나는 고개를 저었어요. 다시 위나 생각을 하니 마음이 울적해졌습니다.

"인간의 감정을 지니고 있는 한, 어쩔 수 없이 개입하는 상황이 벌어진다는 것인가?"

"그런 상황을 아예 접하지 않으려면, 직접 가는 것보다 나 같은 로봇을 보내어 기록해 오라고 하는 편이 낫지 않을까요?"

로봇을 보내면 아무 문제 없어요.

“그건 먼 나라의 풍경을 찍은 영화를 보는 거나 다름없어. 직접 가서 보는 것과는 느낌이 전혀 달라.”

정말로 어려운 문제였습니다. 내 행동 하나하나가 인류 역사에 영향을 미칠 수 있다고 생각하면 어떻게 시간 여행을 할 수 있겠어요?

“역사의 경로까지 고려할 줄 아는 진정으로 탁월한 정신의 소유자라면 자신이 역사를 바꿀지도 모른다는 걱정에 차마 출발조차 못하겠지?”

로봇은 아무 말도 하지 않았어요. 그때 불현듯 저 로봇이라면 홀로 시간 여행을 할지도 모르겠구나 하는 생각이 들었어요. 객관적인 관찰자 역할에 딱 맞는 존재일 테니까요. 그렇게 생각하면서 둘러보니 로봇 뒤쪽의 선반에 타임머신 모형이 보였어요.

“어? 저게 왜 여기 와 있지? 저쪽 방에 있어야 하는데?”

의심스러운 눈초리로 쳐다보자, 로봇이 해명했어요.

함께 손님들에게 가면 좋은데….

"손님들을 초대하신 거 아니에요? 이걸 보면 놀랄 것 같아서 재빨리 옮겨 왔어요."

로봇은 아무렇지도 않게 말했지만, 내게는 왠지 발뺌하는 듯이 들렸어요. 그러다가 문득 내가 왜 이러지 하는 생각이 들었어요. 어차피 로봇이 자기 시대로 가려면 저 모형을 이용해야 할 텐데 말이에요. 위나 대신에 로봇을 손님들에게 보여 주고서 시간 여행을 했음을 증명하려는 속셈이 내게 있었던 모양입니다.

"함께 손님들에게 갈까?"

넌지시 묻자 로봇은 고개를 가로저었어요.

"그거야말로 인류 역사를 바꾸는 일이겠지요. 나를 직접 보고 나면 손님 중에서 로봇 연구에 몰두할 이들이 생겨날 테고, 인류 역사는 바뀔 가능성이 높아요."

"제약이 많군. 그렇다면 시간 여행은 무모한 이들만이 한다는 이야

기가 되나?"

나는 자신도 모르게 중얼거렸어요.

"왠지 선생님 자신을 올바로 평가하는 말처럼 들리네요."

로봇이 그동안 수집한 자료를 토대로 내린 객관적인 평가이겠지만, 함께 힘든 여행을 하고 나니 왠지 그런 말조차 친근하게 들렸어요. 마치 오랜 친구가 농담을 하는 것처럼요. 하지만 이제 작별할 시간이었어요.

나는 힘겹게 일어났어요. 손님들이 왔으니 가 봐야 도리가 아니겠어요? 먼저 로봇에게 작별 인사를 했어요.

"반가웠어. 좋은 여행 동료가 돼 줘서 고마워."

로봇도 깍듯이 인사했어요.

"저도요. 많은 경험을 했어요. 다음에 또 만날 수 있으면 좋겠어요."

그 말을 들으니 내 예감이 맞은 듯했어요. 아마 저 로봇은 관찰자

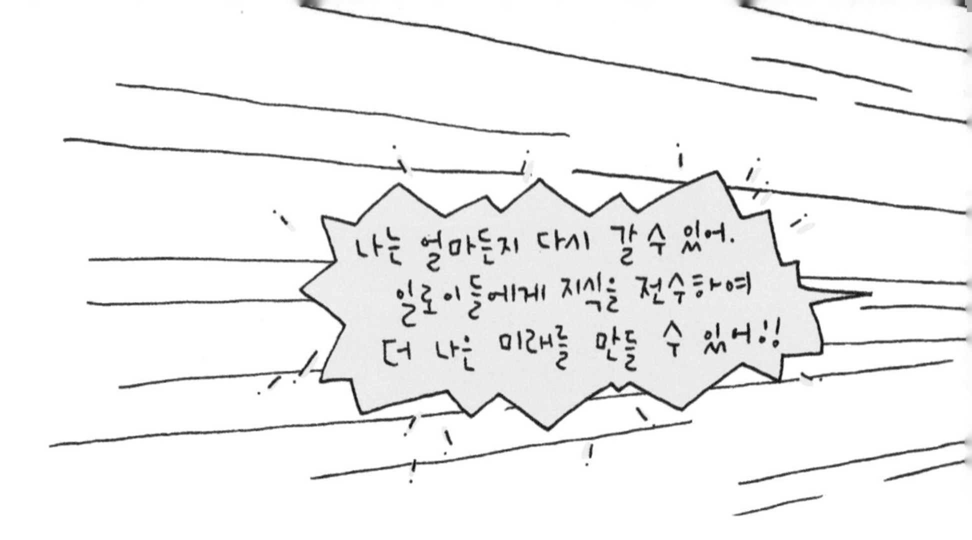

로서 홀로 시간 여행을 계속하지 않을까요? 인류의 성쇠와 종말까지 지켜보면서요. 나는 실험실을 나와서 발을 질질 끌면서 복도를 걸었습니다.

나는 그렇지 못하겠지. 객관적인 관찰자인 척해도 또다시 그 시대로 간다면 위나를 구할 거야.

그 순간 퍼뜩 깨달음이 왔습니다. 그래요, 이렇게 위나를 떠올리면서 슬퍼하고 있을 필요가 없었어요. 얼마든지 다시 미래로 갈 수 있으니까요. 다시 가서 위나를 잃는 슬픈 일이 일어나지 않도록 막으면 되지요. 게다가 일로이에게 지식을 전수할 책을 가져갈 수도 있습니다. 원한다면 미래를 더 나은 방향으로 바꿀 수 있지 않을까요? 설령 그것이 이 시대를 사는 나 자신의 입장에서 바라본 것이긴 해도 그편이 일로이에게도 더 낫지 않을까요?

갑자기 희망이 샘솟았습니다.

그때 식당 안에서 맛있는 고기 냄새가 풍겨 왔습니다. 갑자기 허기가 지면서 고기를 먹은 지 오래되었다는 사실이 떠올랐지요. 나는 문을 활짝 열고 들어갔습니다.

에필로그

시간 여행자의 말이 끝나자, 방 안은 잠시 침묵에 빠졌습니다. 처음에 그가 먼지와 진흙으로 범벅이 된 모습으로 식당에 들어왔을 때에도 좀 놀라긴 했습니다. 못 먹었는지 몸은 비쩍 말라 있었지요. 머리는 온통 헝클어지고, 안색은 시체처럼 창백하기 그지없었어요. 발도 절뚝거렸고, 턱에 상처도 나 있었고요.

지난번 만난 뒤로 일주일 사이에 몹시 심한 고생을 한 모습이었습니다. 그가 오랫동안 고기를 못 먹은 양 허겁지겁 양고기를 마구 먹어 대는 것을 보면서, 우리는 어디 황무지에서 헤매다 왔나 보다 짐작했지요.

하지만 그의 입에서 나온 모험담은 우리가 상상도 못한 것이었습니다. 그의 이야기가 끝난 뒤에도 우리는 한참 동안 입을 열지 못하였습니다. 침묵만이 흐르고 있었지요.

"믿어지지 않겠지요. 나 역시도 여러분 앞에서 이런 이야기를 하고 있다는 사실이 도저히 믿기지 않아요."

탁자 위에는 시든 꽃 두 송이가 놓여 있었습니다. 한 번도 본 적이 없는 이상하게 생긴 하얀 꽃이었지요.

"내가 인류의 미래에 관심이 많다는 것은 다 아시지요? 그래서 내 생각을 더 극적으로 전달하기 위해 이 이야기를 진짜라고 주장하는구나 하고 여길지도 모르겠습니다. 그렇게 여겨도 상관없습니다. 나 자신도 믿기 어려운 경험이었으니까요. 그러면 그렇다고 치고요, 이 이야기를 듣고 어떤 생각이 드시나요?"

듣고 있던 의사, 편집장, 기자, 심리학자를 비롯해서 모인 이들은 모두 아무 말이 없었습니다. 하지만 속으로 어떤 생각을 하고 있을지

는 짐작이 갔습니다. 진짜라고 믿었다면, 경악하는 표정으로 살아 돌아온 것을 축하한다는 말을 건네지 않았겠어요? 지금처럼 말없이 있다는 것은 거짓말이라고 생각한다는 뜻이지요. 다만 신사답게 겉으로 표현하지 않는 것일 뿐이었지요.

예전에 시간 여행자와 인류의 미래에 관해 나누었던 대화가 떠올랐습니다. 사실 시간 여행자는 인류의 미래에 비관적이었습니다. 그는 인류가 계속 발전할 것이라고 보지 않았어요. 발전하기는커녕 인류 문명이 머지않아 붕괴될 것이라고 주장하곤 했지요.

그러니 그가 꿈속에서 자신의 생각에 맞는 미래의 모습을 보았다고 해도 놀랄 일은 없을 것 같았습니다. 오히려 인류가 고도로 발전된 문명을 이루고 행복하게 살고 있는 미래를 보고 왔다고 말했다면, 더 설득력 있게 와 닿지 않았을까요? 게다가 정말로 시간 여행을 한 것이라면, 모두가 가 보고 싶어 할 백 년 뒤, 혹은 천 년 뒤의 더 발전된 미래가 아니라, 현실감이 없는 수십만 년, 수십억 년 뒤를 가 보고 올

이유가 없을 것 같았습니다. 자신의 평소 생각에 딱 맞는 비관적인 미래의 모습만 보고 왔다고 하니, 더욱 꾸며 낸 이야기처럼 들릴 수밖에요. 하긴 누구나 자기가 원하는 미래를 상상할 수 있지 않겠어요?

의사는 시간 여행자를 물끄러미 바라보고 있을 뿐이었습니다. 과연 믿어도 될까 하고 속으로 생각하고 있는 걸까요? 신문 기자는 회중시계를 만지작거리고 있었고, 다른 사람들도 말없이 가만히 앉아 있을 뿐이었습니다.

이윽고 편집장이 한숨을 내쉬면서 말했어요.

"소설가로 한번 나서 보는 건 어때요?"

"믿기 어렵겠지요. 뭐, 나 자신도 그러니까요."

그때 기자가 말했어요.

"이런, 벌써 12시 45분이네요. 너무 늦었어요."

우리는 떠날 준비를 했어요. 결국 우리 중에 시간 여행자의 말을 믿는 사람은 아무도 없는 것 같았습니다.

의사는 괜히 꽃에 관심을 보였습니다.

"이상한 꽃이네요. 무슨 과인지도 알 수 없는 걸? 가져가도 될까요?"

시간 여행자는 고개를 저었습니다. 위나가 주머니에 넣었다고 하더군요. 그렇다면 소중한 선물이겠지요. 그는 그것이 미래를 다녀왔다는 증거라고 보는 듯했지만, 세상에는 아직 우리가 알지 못하는 별난 식물이 많다는 점을 생각하면 딱히 그렇다고 보기도 어려웠습니다.

우리가 집을 나설 때 의사가 시간 여행자에게 말했습니다.

"너무 과로한 듯한데 좀 쉬는 편이 좋겠어요."

그 말에는 여러 가지 이야기가 함축되어 있었지요. 시간 여행자는 개의치 않고 껄껄 웃으면서 우리에게 작별 인사를 했습니다.

나는 시간 여행자와 절친한 사이였어요. 그래서 남들처럼 시간 여행자가 이야기를 꾸며 낸 것이라고 치부하고 넘어가기에는 좀 그랬습니다. 뭐랄까, 편을 들어주고 싶다는 기분이 들었어요. 어찌 보면 그것이 그가 말하는 인간적인 모습이 아닐까 하는 생각도 들었어요.

그가 위나의 곤경을 그냥 두고 보지 못했던 것처럼, 친구인 나도 그가 동료들로부터 외면 받는 꼴을 두고 보기가 어려웠습니다.

그렇다고 그의 말을 곧이곧대로 믿기도 어려웠지요. 그가 진짜라고 하면서 유령을 보여 주었던 사건도 떠올랐습니다. 우리가 진짜라고 믿으려는 순간에 그는 속임수를 쓴 것이라고 털어놓았지요. 이번 모험담도 그러할지 알 수 없었지요. 우리가 저번 일을 겪고 나서 더 이상 속지 않겠다는 태도를 보이자, 설득력을 갖추기 위해 타임머신이라는 기계까지 떡 하니 내놓았을지도 모르고요.

게다가 온갖 고생을 한 듯한 그 비참한 몰골이란! 하지만 때로 소품들이 완벽할수록 이야기를 진짜라고 믿기 더 어려워질 수도 있어요. 이야기를 하는 사람이 워낙 꾸며 내기를 잘 하는 사람이라면요. 적어도 그는 그쪽 방면으로는 최고의 재능을 갖춘 사람이었으니까요.

나는 밤새 그가 들려준 이야기를 생각하면서 잠을 설쳤습니다. 아침이 되자 다시 한번 그를 만나서 깊이 이야기를 나누어 보기로 했어요. 여러 사람이 있을 때와는 다른 이야기가 나올 수 있지 않을까 해서요.

그의 집을 방문하니 시간 여행자는 어디론가 떠나려는 차림이었습니다. 배낭과 카메라를 들고 있었지요.

"이런, 막 떠나려는 참인데."

"진짜야? 다시 시간 여행을 떠난다고?"

그는 고개를 끄덕였어요. 그는 내가 왜 왔는지 짐작하는 듯했습니다. 믿어지지 않는 이야기를 들었을 때 확인하려는 것도 인간의 타고난 성향이겠지요. 하지만 그는 지체하고 싶지 않은 기색이었어요. 그는 잠시 망설이다가 말했어요.

"30분만 기다려 줄래? 이번에는 믿을 만한 증거를 가져올 테니까."

그가 너무나 자신 있게 말했기에 나도 모르게 고개를 끄덕였어요. 그것이 무슨 의미인지도 모른 채요. 그는 몸을 돌려 연구실로 향했습니다. 나는 의자에 앉아서 신문을 펼쳤지요. 그때 문득 다른 약속이

있다는 것을 떠올렸습니다. 그 말을 하러 연구실로 가서 문을 열었습니다.

그 순간 내 눈앞에 놀라운 광경이 펼쳐졌습니다. 방 한가운데에서 소용돌이가 일고 있었고, 어디선가 유리 깨지는 소리가 들렸습니다. 그리고 소용돌이의 한가운데에 타임머신에 앉아 있는 시간 여행자의 모습이 흐릿하게 보였습니다. 아니, 마치 유령 같았다고나 할까요? 그 뒤쪽에 놓인 소파가 뚜렷이 보일 만치 투명했으니까요.

나는 저도 모르게 눈을 비볐습니다. 내가 대낮에 환각을 보고 있는 것이 아닌가 해서요. 다시 눈을 뜬 순간, 그의 모습은 사라지고 없었습니다. 타임머신도요. 가라앉고 있는 먼지만이 보였습니다. 그제야 나는 그의 말이 사실이었음을 깨달았습니다. 그는 정말로 시간 여행을 했고, 다시 시간 여행을 떠난 것이지요.

나는 약속을 포기하고 그곳에서 시간 여행자를 기다리기로 했습니다. 아무도 부정하지 못할 놀라울 증거를 가져오기를 기대하면서요.

혹시 백악기로 가서 공룡 새끼를 데려오지는 않을까 하는 등의 기발한 상상도 하면서요.

나는 다시 방으로 돌아가서 신문을 펼쳤습니다. 하지만 글자가 눈에 들어오지 않았지요. 기대감에 마음이 싱숭생숭했으니까요. 계속 흘끗흘끗 시계만 쳐다보곤 했습니다.

어느덧 약속한 30분이 흘렀습니다. 그는 아직 돌아오지 않았습니다. 나는 초조해져서 5분마다 연구실로 가서 문을 열어 보고 그가 왔는지 확인했습니다. 그도 타임머신도 돌아오지 않았지요. 어느덧 밤이 찾아왔습니다.

나는 모자를 챙겨서 그의 집을 나섰습니다. 하늘을 올려다보니 탁한 공기 때문에 별이 전혀 보이지 않았습니다. 내 마음처럼 우중충했지요.

어쩌면 평생을 기다려야 할지도 모른다는 생각이 문득 들었습니다. 하지만 곧 그런 생각 자체가 말이 안 된다는 것을 깨달았어요. 어느 시간대로도 여행하는 것이 가능하다면 기다린다는 것 자체가 무의미했지요. 언제든 약속한 시간대로 돌아올 수 있을 테니까요.

그러니 그를 기다린다는 것은 그저 누군가를 기다릴 때 늘 하던 습관대로 하는 행동에 불과했지요. 하지만 상관없어요. 돌아오지 않으리라는 것을 알면서도 하염없이 누군가를 기다리는 일을 인간은 으레 하니까요. 누가 알겠어요? 시간 여행을 오래 하다 보니, 그가 시간 관념에 개의치 않게 되어 약속 시간 따위는 잊었을지도 모르지요.

3년이 흘렀어도 그는 여전히 돌아오지 않고 있습니다.

시간 여행은 과연 가능한가

조진호
민족사관고 과학교사, 『어메이징 그래비티』 저자

여러분들이 꿈꾸는 가장 환상적인 여행은 무엇인가요? 우리 은하를 가로질러 반대편에 존재하는, 지구를 꼭 빼닮은 행성으로 떠나는 여행? 웜홀을 통과해서 훨씬 더 먼 우주 건너편으로 가는 여행은 멋질 거예요. 내 몸을 눈에 보이지 않을 정도로 작게 만들어서 초소형 잠수정에 태우고 몸속 구석구석을 누비는 여행은 어떨까요? 시간 여행은요? 가 보고 싶은 시간을 정하고 숫자를 입력한 후, 순식간에 과거로 거슬러 가거나 알 수 없는 미래로 훌쩍 넘어가 보는 여행 말이에요.

만일 하나만 고르라고 하면 나는 시간 여행을 선택하겠어요. 역사책에 나오는 사건과 인물들을 두 눈으로 직접 보고, 그들과 대화할 수 있다면 정말 환상적일 겁니다. 조금 가까운 과거로 가서 기억이 가물가물한 어린 시절의 나를 먼발치에서 바라보는 것을 상상해 봅니다. 희미한 기억이나 사진첩으로 접하는 것과는 비교할 수 없을 정도로 생생한 장면을 보게 되겠

지요. 그리고 미래….

미래를 마주한다는 것은 그렇게 유쾌하지만은 않을 거 같네요. 두려움마저 느껴져요. 지금보다 나이든 내가 어떤 생각으로 무엇을 하고 있는지를 확인하게 되면, 또 언제 내가 생을 마감할지 알게 되면 어떤 기분이 들까요? 나의 미래를 보는 것은 그냥 포기하는 것이 좋겠다는 생각이 듭니다. 훨씬 먼 미래를 가 보는 것이 그나마 마음 편할 것 같아요. 백만 년 아니, 천만 년 후의 인류와 지구의 미래를 보게 되면 어떨까요?

시간 여행이라는 상상은 비교적 근래에 들어서 구체적으로 하기 시작했답니다. 그전에는 기계에 몸을 싣고 과거와 미래를 넘나든다는 생각을 감히 하기 어려웠거든요. '나'라는 존재는 현재와 밀착되어 있는 것이고, 그 상태라야 온전한 나인 것이지, 어떻게 현재와 분리시켜 100년 전, 100년 후로 옮겨 놓을 수가 있겠어요. 엄청나게 상상력이 풍부한 사람에게도 시간 여행은 너무 앞서간 생각이었요. 아니 그런 생각조차 하기 어려웠어요. 그런데 오늘날에는 기술적으로 만들지 못할 뿐, 타임머신은 큰 거부감 없이 받아들여지고 있습니다. 많은 소설과 영화에서 단골 메뉴처럼 나오는 것이 시간 여행이 되었지요.

왜 이렇게 사람들의 생각이 급격히 달라졌을까요? 그 이유는 대략 100년 전부터 쏟아져 나온 과학 이론들 때문입니다. 이들 중 타임머신의 발상에

커다란 영향을 끼친 것은 단연 아인슈타인의 '상대성 이론'이에요.

그전에도 사실 철학자들 사이에서 시간이라는 놈은 머리를 지끈지끈 아프게 하는 주제였어요. 만져지지도 보이지도 않는데, 누구나 시간이라는 것을 알고 있다는 게 신기한 노릇이었지요. 시간은 정말 존재하는 실체일까? 아니면 변화하는 것들을 표현하기 위해서, 물리 방정식을 계산하기 위해서 빌어다 쓰는 개념적인 도구 정도일까? 도무지 알 수가 없었어요.

하지만 시간은 무슨 수를 쓰더라도 변화시킬 수 없는 절대적인 그 무엇이며, 누구에게나 우주 어디에서나 공평하고, 항상 똑같은 속도로 흘러간다는 것을 부정하는 사람은 없었어요. 지루한 수업을 들을 때는 시간이 느리게, 신나게 놀고 있을 때는 시간이 빠르게 가는 것을 느끼지만 모두 기분 탓이라고 하지, 그때마다 시간의 속도가 변하는 것이라고 생각하지는 않잖아요. 이런 뿌리 깊은 고정 관념은 감히 시간 여행을 소설의 소재로 삼기조차 어렵게 만들었지요.

1905년 젊은 아인슈타인은 「움직이는 물체의 전기 역학에 관하여」라는, 재미는 좀 없어 보이는 제목의 논문을 세상에 조용히 발표합니다. 평범한 제목과 달리 그 속에는 시간에 대해서 당연하다고 여겼던 사실을 완전히 뒤집는 비범한 이야기들이 있었어요.

시간은 무엇에도 영향을 받지 않는 절대적인 그 무엇이다? 아인슈타인

은 아니라고 말합니다. 시간은 질량이나 에너지와 서로 영향을 주고받는 물리적 실체라고요. 시간은 누구에게나 동일하고, 항상 같은 속도로 흘러간다? 이것도 아니라고요. 시간은 서로 움직이고 있는 상황에서 서로 다른 속도로 흘러가는 상대적인 것이라고요.

만일 지구로부터 멀리 떨어진 곳까지 빛의 속도만큼 빠른 속도로 다녀온다면, 나의 시간보다 지구의 시간은 훨씬 빨리 흘러갔다는 것을 목격하게 된다고 해요. 대단히 강한 중력이 있는 곳에 있다가 돌아오더라도 나를 기다린 사람들의 시간은 나보다 빠르게 갔다는 것을 알게 되고요. 친구들은 이미 할머니, 할아버지가 되어 있는 것이지요.

이때 내가 타고 다녔던 우주선은 미래로 가는 타임머신 그 자체라고 할 수 있습니다. 그냥 지어낸 공상 과학이 아니에요. 이것을 가능하게 할 만큼 빠른 우주선은 아직 없지만, 다른 비슷한 실험으로 상대성 이론에 따른 시간 변화는 여러 번 증명되었습니다. 타임머신을 만들 수 있는 이론적, 기술적 능력은 아직 턱없이 부족하지만 분명한 점은 타임머신이 더 이상 소설 속의 마법 빗자루가 아니라는 겁니다.

미래가 아닌 과거로 가는 타임머신은 단지 빠르게 나는 것만으로는 불가능해요. 과거로의 여행은 이론적으로도 어렵지만, 논리적으로 뒤엉키는 면이 있습니다. 〈백 투 더 퓨처〉라는 영화를 보면 과거로 가서 빚어낸 변화가

현재를 바꾸는 흥미진진한 이야기가 펼쳐집니다. 조금 골똘히 생각해 보면 여기에도 꽤 이상한 구석이 있다는 것을 알게 됩니다. 무서운 이야기지만 과거로 가서 나의 할아버지를 죽이는 상황을 상상해 보자고요. 눈치챘나요? 존재론적으로 나는 결과이고, 할아버지는 원인인데, 결과가 원인을 죽인다? 논리적으로 앞뒤가 맞지 않는 것이지요.

흥미로운 물리 이야기를 하나 더 해 볼게요. 평행 우주라는 개념이 있어요. 이것은 현대 물리학에서 이론적으로 유추하는 것입니다. 우주는 이루 말할 수 없을 만큼 수많은 경우로 갈라져서 존재해요. 이들 각각을 평행 우주라고 해요. 예를 들면 어떤 평행 우주에는 내가 없기도 하고, 하다못해 오늘 내가 아침을 먹은 우주, 아침을 거른 우주, 내가 지금 이 글을 읽고 있는 우주, 그렇지 않은 우주…. 이런 식으로 수많은 평행 우주가 존재하는 거죠. 하나하나의 우주는 진짜 가짜가 없이 평등한 우주예요.

그러므로 만약 과거로 가서 할아버지를 죽이게 되면, 그 우주에는 내가 없는 우주가 펼쳐지겠지만 그 나름의 우주가 되는 거예요. 할아버지가 생존했고 내가 존재하는 우주처럼요. 타임머신을 타고 과거로 가서 모래 한 톨 건드린다고 해서 그것 때문에 나의 현재가 바뀌는 것은 아니에요. 나의 우주는 별 탈 없이 그대로 잘 돌아갈 거예요. 나는 단지 다른 평행 우주로 건너간 것뿐이지요. 그곳에서 만일 타임머신이 고장이라도 난다면 내가 출

발했던 우주와는 완전히 생이별을 하게 되겠지요. 이처럼 과거로의 여행은 다른 평행 우주로 가는 여행이 됩니다.

시간 여행은 가능한 일이 될 거예요. 하지만 미국을 가거나 화성을 가는 것과 같은 공간 여행과 달리 우리의 직관을 벗어나는 여행일 겁니다. 여러분이 만일 타임머신에 탑승할 기회가 있다면 어떤 일이 벌어질지 과학자에게 상세하게 물어보고 마음의 각오를 단단히 해야 할 거예요.

과학의 힘이 어떤 것인지 이제 실감이 나나요? 과학은 단지 우리의 생활을 편리하게 바꾸어 주는 도구 이상이에요. 자, 보세요. 만일 여러분이 짧은 생애를 살면서 죽기 전까지 꼭 알아야 하는 몇 가지 지식이 있다면 무엇이 있을까요? 내가 지금 어디에 있는가(내가 살고 있는 동네를 이야기하는 것이 아니에요. 그보다 훨씬 넓은 범위를 말하고 있어요), 나는 어디로부터 왔고 앞으로 어떻게 변해 갈 것인가, 이런 것이 아닐까요? 수십 년 전부터 정설로 여겨지고 있는 여러분의 위치와 존재에 대한 답은 이렇답니다.

'당신은 한가운데 거대한 블랙홀을 품고 있는 엄청나게 큰 은하의 변두리에 있는 태양계 안에서 태양으로부터 세 번째 자리에 있는 행성에 살고 있으며, 20만 년 전부터 대물림을 하며 존속한 호모사피엔스라는 종의 한 생물이다.'

우리는 바로 이 같은 근본적인 지식이 있기에 안심하고 살고 있습니다.

이것을 전혀 모른다고 생각해 보세요. 과연 여러분은 편안할까요?

지금 '수백 년 전에 이런 내용을 몰랐던 사람들은 어떻게 살았단 말인가요?'라는 질문을 떠올리고 있나요? 물론 수백 년 전에는 지금의 지식과는 달랐지만 그때의 세계관이 있었고, 과거 사람들은 그것을 바탕으로 살았을 거예요. 사람은 몸을 위해서는 먹을 것과 집에 의존하지만, 정신을 위해서는 근본적인 세계관에 의존해서 사는 존재입니다. 그래서 뉴턴이나 아인슈타인 같은 과학자가 우리에게 미치는 영향력은 막대한 것입니다.

아인슈타인의 상대성 이론으로 우리는 시간을 다 이해하게 되었을까요? 전혀 그렇지가 않습니다. 많이 알게 된 만큼 더 많은 새로운 질문들이 생겨나고 있으니까요. 시간은 분명히 중요하고 우리 생활 가장 가까이 있는데도 여전히 우리를 혼란스럽게 합니다.

과거, 현재, 미래의 차이를 우리는 분명히 알고 있습니다. 미래는 아직 벌어지지 않았지만 결국 앞으로 마주하게 될 시간들, 과거는 이미 흘러가 버려서 돌이킬 수 없이 굳어져 버린 시간들, 현재는 그 사이에 존재하는 바로 이 순간을 뜻하지요.

흰 종이에 연필로 직선을 그려 볼까요? 이미 그려진 직선은 과거를 뜻하고, 연필 끝과 종이가 접해 있는 점이 현재를 뜻하고, 아직 그려지지 않은, 하지만 곧 연필이 지나갈 종이의 빈 부분이 미래를 뜻한다고 해 보죠. 아마

도 과거, 현재, 미래를 얼추 정확하게 묘사한 비유라고 많이들 고개를 끄덕일 거예요.

그러나 이 비유도 문제가 있어 보입니다. 현재는 순식간에 과거로 굳어지는데, 그러면 얼마만큼이 현재일까요? 1초? 0.00001초? 아무리 작은 시간으로 쪼갠다고 해도 그 시간은 쏜살같이 과거에 묻히기 때문에 현재가 되기 위해서는 계속 작아져야만 하고 결국 무한소로 가게 되면 존재하지 않게 됩니다. 과거는 어떨까요? 먹다 만 커피, 어제 작성한 글, 3억 년 전에 존재했던 생물을 알려 주는 화석…. 과거가 있었다는 증거는 여기저기 널려 있습니다. 하지만 이것이 정말 과거라는 시간을 알려 주는 것일까요? 흔적들이 곧 시간과 동일한 것은 아닐지도 몰라요. 미래 또한 아직 벌어지지 않은 것인데, 그렇다면 그 시간도 존재한다고 말할 수는 없겠군요.

과거에서 미래로 달려가는 현재라는 개념은 혹시 우리의 의식이 만든 것은 아닐까라는 의심까지 듭니다. 과거, 현재, 미래를 구분 짓는 생각이 혹시 인간의 생존에 도움이 되어서 진화 과정에서 스스로 만들어 낸 것은 아닐까요? 화살처럼 나아가는 시간, 물처럼 흘러가는 한 방향의 시간 개념은 생각해 보면 이상한 것이에요. 공간은 왔던 길을 다시 돌아갈 수 있고, 방향을 트는 것이 전혀 이상하지 않은데, 왜 유독 시간은 한 방향으로만 나아갈까요?

화살 같은 시간 개념은 물리에서 엔트로피로 설명하곤 합니다. 열역학 제2법칙은 '우주는 엔트로피가 증가하는 방향으로 간다'라고 말하고 있습니다. 우리의 우주는 무질서가 증가하는 것이 자연스러운 일이라는 뜻이랍니다.

1부터 10까지 쓰여 있는 열 장의 카드를 섞었다가 다시 한데 모았을 때 1에서 10까지 가지런히 순서가 정렬될 확률보다 엉망으로 순서가 뒤섞여서 정렬될 확률이 높습니다. 방 안에서 방귀를 뀌었을 때를 생각해 보세요. 냄새를 유발하는 분자들은 무작위 방향으로 움직여서, 분자들이 방의 한구석에 모여 있을 확률보다는 넓게 퍼질 확률이 더 높지요. 도자기가 깨질 때, 파편들은 한군데 모여서 원래의 배열대로 정렬될 확률보다 사방으로 흩어질 확률이 더 높습니다.

엔트로피는 결국 확률이라고 할 수 있습니다. 도자기가 다시 조립되고, 카드가 다시 정렬되는 것은 확률적으로 일어나기 어렵습니다. 이것은 거꾸로 시간을 거슬러 가는 것이 어렵고, 시간이 한 방향으로 흘러가는 것과 관련이 있는 것으로 보입니다. 그런데 엔트로피 이야기도 의심이 들긴 합니다. 도자기 하나의 파편, 카드 한 장과 같이 단 하나의 요소만 관찰하는 것으로는 시간의 흐름을 알 수 없는 것일까요? 시간은 많은 요소들이 같이 작용하면서 드러나는 것일까요?

우리는 아직 시간이라는 것에 대해서 이만큼 헷갈리고 있습니다. 시간이 이처럼 모호한데 시간 여행을 한다는 것은 더 모호한 것 아닐까요? 미래의 타임머신은 과연 어떤 기계일까요? 우리의 몸을 정말 다른 시간으로 옮기는 기계일까요, 아니면 우리의 정신만을 옮기는 기계일까요? 그것도 아니면?

허버트 조지 웰스(Herbert George Wells)의 『타임머신』은 놀랍게도 상대성 이론이 나오기 전인 1895년도에 세상과 만난 소설이에요. 오늘날 여기저기에서 그려 내는 수많은 타임머신의 원조라고 할 수 있습니다. 당시로는 정말 파격적이고 과감한 스토리였습니다.

소설의 주인공은 자신이 만든 타임머신을 타고 의도치 않게 80만 년 후의 미래로 가게 됩니다. 그리고 아주 낯선 환경에 놓이게 되고 멀록과 일로이라는 존재와 마주치는데, 이들은 인류의 후손이라는 결론을 내려요. 인류가 두 종으로 나뉜 겁니다. 호모사피엔스가 지금부터 20만 년 전에 출현했듯, 앞으로 80만 년 이내에 인류가 새로운 종으로 분화되는 것도 가능한 일이겠죠.

귀엽고 연약한 일로이는 자본가의 후손이고, 무섭고 포악한 멀록은 노동자의 후손이라는 설정은 당시 작가가 살던 시대적 분위기에서 그가 무슨 생각을 했는지를 짐작하게 합니다. 작가가 떠올린 미래에 대한 불안감을

느낄 수 있는 대목입니다.

웰스의 원작 『타임머신』의 줄거리를 토대로 구성된 이한음 선생님의 『타임머신과 과학 좀 하는 로봇』에는 원작에 없는 귀엽고 시크한 로봇이 등장해요. 100여 년 전의 작가가 미처 생각해 내지 못한 부분일 겁니다. 성급하고 감정을 앞세우는 사고뭉치 인간에 비해서 신중하고 어른스럽다는 것이 재미있어요.

인간은 자연을 모방하여 재현하는 데 탁월한 재주를 보이며 눈부시게 기술을 발전시켜 왔습니다. 그 정점에 인간 스스로를 꼭 빼닮은 로봇이 있어요. 로봇이 가치 있는 게 단지 인간의 팔다리를 가지고 있어서일까요? 바로 로봇에게 지능이 있어서입니다. 모든 부분에서 인간 두뇌를 뛰어넘는 지능을 가진 로봇. 단지 계산만 빠르게 하는 로봇이 아닌, 인간의 특징이라 여겨지는 감정과 창의성까지 갖춘 로봇. 스스로 진화하고 사회를 발전하게 하는 로봇이 등장하게 된다면 인간의 위치는 어떻게 될까요?

주인공과 로봇의 대화에서 인간이 걸어간 진화의 역사에 대한 뜨거운 논쟁을 볼 수 있습니다. 진화는 인간이 환경과 상호 작용하면서 나타나는 결과이며, 늘 진보하는 것은 아니라는 메시지가 담겨 있습니다.

주인공은 두 번째로 떠나는 시간 여행에서 돌아오지 않고 있습니다. 어

떻게 된 일일까요? 과거 또는 미래의 어느 시점에서 위험한 일을 겪고 사고라도 당한 걸까요? 과거에 주인공과 연결된 중요한 어떤 것을 건드려서 현재의 자신은 지워지고 만 것일까요? 그도 아니면 평행 우주로 날아가서 영영 돌아오지 못할 다리를 건넌 것일까요?

나무클래식 04
타임머신과 과학 좀 하는 로봇

초판 1쇄 발행 2015년 6월 15일
초판 5쇄 발행 2019년 3월 5일

지은이 이한음 **그린이** 임익종
펴낸이 이수미 **기획·편집** 콘텐츠뱅크
북디자인 하늘·민 **마케팅** 김영란, 임수진

종이 세종페이퍼 **인쇄** 두성피앤엘 **유통** 신영북스

펴낸곳 나무를 심는 사람들
출판신고 2013년 1월 7일 제 2013-000004호
주소 서울시 용산구 서빙고로 35 103동 804호
전화 02-3141-2233 **팩스** 02-3141-2257
이메일 nasimsabooks@naver.com
블로그 blog.naver.com/nasimsabooks

ⓒ 이한음, 2015
ISBN 979-11-86361-09-2 44400
979-11-950305-7-6(세트)

이 책은 저작권법에 따라 보호받는 저작물이므로 저작권자와 출판사의 허락 없이
이 책의 내용을 복제하거나 다른 용도로 쓸 수 없습니다.

이 도서의 국립중앙도서관 출판시도서목록(CIP)은
서지정보유통지원시스템 홈페이지(http://seoji.nl.go.kr)와
국가자료공동목록시스템(http://www.nl.go.kr/kolisnet)에서 이용하실 수 있습니다.
(CIP제어번호:CIP2015014907)

책값은 뒤표지에 있습니다. 잘못된 책은 바꾸어 드립니다.